高等学校大学计算机课程系列教材

Python
程序设计实用教程

刘华春 郭俊 徐草草 主编

清华大学出版社
北京

内 容 简 介

本书内容全面、注重实践，系统介绍 Python 的基础知识及相关应用。全书共 13 章。第 1~3 章介绍程序的基本框架，包括数据类型、变量、运算符和控制语句等；第 4、5 章详细介绍 Python 独具特色的组合数据类型，包括列表、元组、字典、集合、数组等；第 6 章和第 7 章分别介绍 Python 的函数和面向对象编程模式；第 8~10 章分别介绍文件操作、字符串处理和异常处理等；第 11 章和第 12 章分别介绍 Python 的 Tkinter GUI 编程和数据库编程；第 13 章介绍 Python 常用的第三方库，这些库应用于数据分析、数据可视化、Web 开发、Python 爬虫、游戏开发、文本处理等领域。

本书充分考虑读者的学习需求和编程习惯，采用清晰的编程语言和丰富的实例，为读者提供轻松愉快的学习环境。通过本书，读者将能够掌握 Python 相关知识，为运用 Python 解决实际问题打下坚实的基础。

本书可作为高等院校计算机类及相关专业的教材，也可作为全国计算机等级考试二级 Python 语言程序设计的参考用书，并可作为计算机程序设计相关行业人员的自学用书。

版权所有，侵权必究。举报: 010-62782989, beiqinquan@tup.tsinghua.edu.cn。

图书在版编目(CIP)数据

Python程序设计实用教程 / 刘华春, 郭俊, 徐草草主编. -- 北京 : 清华大学出版社, 2024.12. -- (高等学校大学计算机课程系列教材). -- ISBN 978-7-302-67754-3

Ⅰ. TP312.8

中国国家版本馆CIP数据核字第2024SE7488号

策划编辑：魏江江
责任编辑：葛鹏程　薛　阳
封面设计：刘　键
责任校对：刘惠林
责任印制：杨　艳

出版发行：清华大学出版社
网　　址：https://www.tup.com.cn, https://www.wqxuetang.com
地　　址：北京清华大学学研大厦A座　　　邮　编：100084
社 总 机：010-83470000　　　　　　　　　邮　购：010-62786544
投稿与读者服务：010-62776969, c-service@tup.tsinghua.edu.cn
质量反馈：010-62772015, zhiliang@tup.tsinghua.edu.cn
课件下载：https://www.tup.com.cn, 010-83470236
印 装 者：北京同文印刷有限责任公司
经　　销：全国新华书店
开　　本：185mm×260mm　　印　张：16.75　　字　数：411千字
版　　次：2024年12月第1版　　　　　　　印　次：2024年12月第1次印刷
印　　数：1~1500
定　　价：59.80元

产品编号：106441-01

前 言

党的二十大报告指出：教育、科技、人才是全面建设社会主义现代化国家的基础性、战略性支撑。必须坚持科技是第一生产力、人才是第一资源、创新是第一动力，深入实施科教兴国战略、人才强国战略、创新驱动发展战略，这三大战略共同服务于创新型国家的建设。高等教育与经济社会发展紧密相连，对促进就业创业、助力经济社会发展、增进人民福祉具有重要意义。

在当今这个信息爆炸的时代，计算机编程已经成为一项必备的技能。Python 作为一门简单易学、功能强大的编程语言，越来越受到人们的关注和喜爱。无论是在数据分析、人工智能、数据可视化，还是在 Web 开发、Python 爬虫等领域，Python 都有着广泛的应用。因此，掌握 Python 编程技能对每个计算机专业的学生和从业者都是非常重要的。无论是对初学者还是对有一定编程基础的开发者，本书都将提供一份详尽的 Python 学习指南。

本书充分考虑读者的学习需求和编程习惯，采用清晰的编程语言和丰富的实例，让读者能够在轻松愉快的氛围中学习 Python。同时，本书各章均提供了丰富的习题，以帮助读者巩固所学知识并提高实际应用能力。

本书旨在帮助读者掌握 Python 的基本语法、数据结构、函数、模块和类等核心概念，使用 Python 进行文件操作、异常处理的方法，以及利用第三方库进行数据处理、数据可视化、Web 开发、游戏开发、网络爬虫和数据库操作等内容。通过阅读本书，读者能够掌握 Python 相关知识，为运用 Python 解决实际问题打下坚实的基础。

本书共 13 章。第 1~3 章介绍程序的基本框架，包括数据类型、变量、运算符和控制语句等；第 4、5 章详细介绍 Python 独具特色的组合数据类型，包括列表、元组、字典、集合、数组等；第 6 章和第 7 章分别介绍 Python 的函数和面向对象编程模式；第 8~10 章分别介绍文件操作、字符串处理和异常处理等；第 11 章和第 12 章分别介绍 Python 的 Tkinter GUI 编程和数据库编程；第 13 章介绍 Python 常用的第三方库，这些库应用于数据分析、数据可视化、Web 开发、Python 爬虫、游戏开发、文本处理等领域。

为便于教学，本书提供丰富的配套资源，包括教学课件、程序源码、习题答案和在线作业。

> **资源下载提示**
>
> **数据文件：** 扫描目录上方的二维码下载。
> **在线作业：** 扫描封底的作业系统二维码，登录网站在线做题及查看答案。

在本书的编写过程中，得到了许多同事的帮助和支持，在此一并表示衷心的感谢，尤其感谢成都理工大学工程技术学院计算机科学与技术专业的侯向宁、安岩、段芃芃、蒋维成，他们在教材编写过程中给予了切实的帮助。

为了帮助读者更好地掌握 Python 编程知识，本书提供了许多实例和习题。然而，由于篇幅和内容安排的限制，部分实例可能无法涵盖所有应用场景。读者可以在学习过程中积极寻找更多的实际项目和案例，以提高自己的编程能力。

Python 是一门十分具有活力的编程语言，其发展迅速且相关应用也在不断扩展，因此书中的内容也需要不断地完善。由于作者水平有限，书中难免有不妥之处，恳请读者批评指正。

编 者

2024 年 10 月

目 录

资源下载

第1章 Python 语言概述 1
1.1 Python 概述 2
1.1.1 Python 的产生和发展 2
1.1.2 Python 语言的特点 2
1.1.3 Python 语言的应用领域 3
1.2 Python 的版本和开发环境 4
1.2.1 Python 语言的版本 4
1.2.2 Python 的下载和安装 5
1.2.3 Python 语言的集成开发环境 8
1.3 程序设计基本方法 15
1.3.1 Python 程序编写方法 15
1.3.2 IPO 程序编写方法 16
1.3.3 面向过程和面向对象 17
1.4 Python 的模块、包与库 18
1.4.1 Python 的模块及其导入方式 18
1.4.2 Python 的包及其定义 19
1.4.3 Python 的库及其安装 20
1.5 使用帮助 20
1.6 Python 模块的 __name__ 属性 20
1.7 本章小结 22
习题 22

第2章 Python 的基本语法 24
2.1 Python 程序的格式 25
2.1.1 Python 的标识符 25
2.1.2 Python 标识符的命名规则 25
2.2 Python 的行与缩进 26

  2.2.1　Python 的行 …… 27
  2.2.2　Python 的缩进规律 …… 27
 2.3　Python 的基本数据类型 …… 27
  2.3.1　Python 数据类型概述 …… 28
  2.3.2　Python 的数字类型 …… 28
  2.3.3　Python 的字节类型 …… 29
 2.4　Python 的运算符和表达式 …… 30
  2.4.1　Python 的变量 …… 30
  2.4.2　Python 的运算符 …… 31
  2.4.3　运算符优先级 …… 38
  2.4.4　赋值语句 …… 39
  2.4.5　Python 的表达式 …… 40
 2.5　Python 的基本输入输出函数 …… 41
  2.5.1　input() 函数 …… 41
  2.5.2　eval() 函数 …… 41
  2.5.3　print() 函数 …… 42
 2.6　注释 …… 43
 2.7　本章小结 …… 44
 习题 …… 44

第 3 章　程序控制与循环 …… 46

 3.1　程序设计流程概述 …… 47
  3.1.1　算法 …… 47
  3.1.2　程序流程图 …… 47
  3.1.3　三种控制结构 …… 48
 3.2　if 判断语句 …… 49
 3.3　while 循环语句 …… 53
 3.4　for 循环语句 …… 54
 3.5　循环的中断 …… 55
  3.5.1　break 语句 …… 55
  3.5.2　continue 语句 …… 56
 3.6　遍历循环 …… 57
  3.6.1　内置函数 range() …… 57
  3.6.2　循环嵌套 …… 58
  3.6.3　pass 语句 …… 59
 3.7　迭代器与生成器 …… 60
  3.7.1　迭代器 …… 60
  3.7.2　生成器 …… 61
 3.8　本章小结 …… 62

习题 62

第 4 章 列表与元组 **64**

4.1 序列概述 65
4.1.1 索引 65
4.1.2 切片 66
4.1.3 序列相加 66

4.2 序列的特性 67
4.2.1 序列重复 67
4.2.2 成员资格 67
4.2.3 序列比较 68
4.2.4 序列排序 69
4.2.5 长度、最小值和最大值 70

4.3 列表 70
4.3.1 列表的创建 70
4.3.2 列表元素的添加 71
4.3.3 列表元素的删除 72
4.3.4 列表元素的访问 74
4.3.5 成员资格判断 75
4.3.6 切片操作 76
4.3.7 列表排序 78
4.3.8 列表推导式 78

4.4 元组 81
4.4.1 元组的创建与删除 81
4.4.2 元组的访问和遍历 82
4.4.3 元组与列表的区别 83
4.4.4 元组的操作 83

4.5 本章小结 85
习题 85

第 5 章 字典与集合 **88**

5.1 字典 89
5.1.1 字典的创建与删除 89
5.1.2 字典元素的访问 91
5.1.3 字典的操作函数 93
5.1.4 字典的遍历 96

5.2 集合 97
5.2.1 集合的创建与使用 97
5.2.2 集合的运算 98
5.2.3 集合的基本操作 98

5.2.4　不可变集合 99
5.3　本章小结 100
习题 100

第6章　函数和代码复用 103

6.1　函数的定义及使用 104
6.2　函数的参数 104
　　6.2.1　位置参数 104
　　6.2.2　默认参数 105
　　6.2.3　关键字参数 106
　　6.2.4　可变参数 107
　　6.2.5　序列解包 109
　　6.2.6　函数的返回值 110
6.3　变量的作用域 111
　　6.3.1　全局变量 111
　　6.3.2　局部变量 112
　　6.3.3　global 关键字 112
6.4　Python 常用的内置函数 113
6.5　匿名函数 115
6.6　函数的递归 116
6.7　闭包与装饰器 117
6.8　本章小结 119
习题 119

第7章　面向对象程序设计 121

7.1　面向对象概述 122
　　7.1.1　面向过程和面向对象 122
　　7.1.2　面向对象的基本概念 123
7.2　类与对象 124
　　7.2.1　类的定义 124
　　7.2.2　对象的创建与使用 125
　　7.2.3　self 参数和 __init__() 方法 127
　　7.2.4　__del__() 方法 128
7.3　属性与方法 129
　　7.3.1　属性 129
　　7.3.2　方法 132
7.4　继承和多态 134
　　7.4.1　继承 134
　　7.4.2　多态 136
7.5　访问限制 137

| 7.6 | 本章小结 | 139 |
| 习题 | | 139 |

第 8 章 文件操作与数据组织 143

- 8.1 文件基础知识 144
- 8.2 文件的基本操作 144
- 8.3 数据文件的读写 145
  - 8.3.1 文本文件的读写 146
  - 8.3.2 二进制文件的读写 147
  - 8.3.3 CSV 文件的读写 148
  - 8.3.4 Excel 文件的读写 150
  - 8.3.5 JSON 文件的读写 152
- 8.4 文件和文件夹操作 154
  - 8.4.1 文件操作 154
  - 8.4.2 文件相关属性访问 155
  - 8.4.3 文件夹操作 155
  - 8.4.4 遍历文件夹 156
- 8.5 数据组织 156
  - 8.5.1 一维数据 156
  - 8.5.2 二维数据 157
  - 8.5.3 高维数据 158
- 8.6 本章小结 158
- 习题 158

第 9 章 字符串和文本处理 160

- 9.1 字符串 161
  - 9.1.1 字符串的定义 161
  - 9.1.2 字符串的基本操作 161
  - 9.1.3 字符串常用方法 163
  - 9.1.4 字符串的格式化 format() 方法 166
- 9.2 正则表达式 168
  - 9.2.1 正则表达式的模式 168
  - 9.2.2 正则表达式的编译 169
- 9.3 文本处理 170
  - 9.3.1 文本统计 170
  - 9.3.2 文本相似度 172
- 9.4 本章小结 173
- 习题 174

第 10 章 异常处理 175

- 10.1 异常概述 176

10.2 Python 异常处理结构 ·············· 176
　　10.2.1 try...except... 语句 ·············· 176
　　10.2.2 多个 except 的 try 语句 ·············· 178
　　10.2.3 try...except...finally 语句 ·············· 178
10.3 自定义异常 ·············· 179
10.4 断言与上下文管理 ·············· 180
10.5 本章小结 ·············· 181
习题 ·············· 181

第 11 章 Tkinter 图形用户界面 ·············· 183

11.1 Python 的常用 GUI 工具库 ·············· 184
11.2 Tkinter 类的方法 ·············· 185
11.3 Tkinter 窗口控件布局 ·············· 186
　　11.3.1 pack() 方法 ·············· 186
　　11.3.2 grid() 方法 ·············· 187
　　11.3.3 place() 方法 ·············· 188
　　11.3.4 Frame 控件 ·············· 189
11.4 Tkinter 常用控件 ·············· 191
　　11.4.1 文本输入/输出相关控件 ·············· 191
　　11.4.2 按钮 ·············· 192
　　11.4.3 单选按钮 ·············· 193
　　11.4.4 复选框 ·············· 193
　　11.4.5 列表框与组合框 ·············· 194
　　11.4.6 滑块控件 ·············· 196
　　11.4.7 菜单 ·············· 196
11.5 窗口 ·············· 199
11.6 对话框 ·············· 201
11.7 事件响应 ·············· 203
11.8 本章小结 ·············· 204
习题 ·············· 205

第 12 章 数据库应用 ·············· 206

12.1 关系数据库 ·············· 207
12.2 SQLite 数据库访问 ·············· 208
　　12.2.1 用 SQLite3 模块操作数据库的步骤 ·············· 208
　　12.2.2 SQLite 命令 ·············· 211
　　12.2.3 SQLite 数据库应用 ·············· 213
12.3 访问 Access、MySQL 和 SQL Server 数据库 ·············· 215
　　12.3.1 使用 Access 数据库 ·············· 215
　　12.3.2 使用 MySQL 数据库 ·············· 216

12.3.3 使用 SQL Server 数据库 ………………………… 217
12.4 本章小结 ………………………… 220
习题 ………………………… 220

第 13 章 Python 模块、库与计算生态 ………………………… 222

13.1 第三方库管理工具 ………………………… 223
    13.1.1 pip 包管理工具 ………………………… 223
    13.1.2 安装 wheel 文件 ………………………… 224
    13.1.3 将 py 文件打包成 exe 文件 ………………………… 225
13.2 数据分析 ………………………… 226
    13.2.1 NumPy ………………………… 226
    13.2.2 SciPy ………………………… 228
    13.2.3 Pandas 数据分析库 ………………………… 230
13.3 数据可视化 ………………………… 231
    13.3.1 Matplotlib 简介 ………………………… 231
    13.3.2 seaborn 绘制图形 ………………………… 232
    13.3.3 OpenCV 图像处理 ………………………… 233
    13.3.4 turtle 库绘制图像 ………………………… 234
13.4 Web 开发 ………………………… 235
    13.4.1 Flask 框架 ………………………… 235
    13.4.2 Django 框架 ………………………… 236
13.5 Python 网络爬虫 ………………………… 238
    13.5.1 urllib 库 ………………………… 238
    13.5.2 requests 库 ………………………… 239
    13.5.3 BeautifulSoup 库 ………………………… 241
    13.5.4 Scrapy ………………………… 243
13.6 游戏开发 ………………………… 245
    13.6.1 Pygame 简介 ………………………… 245
    13.6.2 Pygame 的模块 ………………………… 246
13.7 文本处理 ………………………… 248
    13.7.1 中文分词 jieba 库 ………………………… 249
    13.7.2 词云库 wordcloud ………………………… 251
13.8 本章小结 ………………………… 254
习题 ………………………… 254

参考文献 ………………………… **256**

第 1 章

Python 语言概述

CHAPTER *1*

本章要点
- Python 概述
- Python 的版本和开发环境
- 程序设计基本方法
- 模块、包与库
- 使用帮助
- Python 模块的 __name__ 属性

Python 是一种广泛使用的解释型、高级和通用的编程语言，不仅提供了高效的高级数据结构，还能简单有效地进行面向对象编程。Python 以其动态系统类型解释执行的特性，为开发者提供了快速开发跨平台应用程序的能力，并因此成为软件开发、数据分析、人工智能等领域的首选工具。

1.1 Python 概述

Python 是一种跨平台的计算机程序设计语言，是 ABC 语言的替代品，属于面向对象的动态类型语言，最初被设计用于编写自动化脚本，随着版本的不断更新和语言新功能的添加，越来越多被用于独立、大型项目的开发。Python 是人工智能首选的编程语言。

1.1.1 Python 的产生和发展

Python 是一种支持面向对象的解释型计算机程序设计语言，由荷兰人 Guido Van Rossum 于 1989 年发明，第一个公开版本发布于 1991 年。Python 是一种开源编程语言，源代码和解释器 CPython 遵循 GPL（general public license）协议。Python 语法简洁清晰，特色之一是强制使用空白符（blank）作为语句缩进。

Python 名字的由来：1989 年圣诞节期间，在阿姆斯特丹的 Guido 为了打发圣诞节的无趣时光，决心开发一个新的脚本解释程序作为 ABC 语言的一种继承。之所以选中 Python（中文含义为"大蟒蛇"）作为该编程语言的名字，是因为他是 Monty Python 喜剧团体的爱好者。

ABC 语言是由 Guido 参加设计的一种教学语言，在他看来，ABC 这种语言非常优美和强大，是专门为非专业程序员设计的。但是 ABC 语言并没有成功，究其原因，Guido 认为是其非开放性造成的。Guido 决心在 Python 中避免这一错误。同时，他还想实现在 ABC 中计划实现但未曾实现的东西。就这样，Python 在 Guido 手中诞生了。1991 年，第一个 Python 编译器（同时也是解释器）CPathon 诞生，它是用 C 语言编写的。Python 的第一个版本已经具有了类（class）、函数（function）、异常处理（exception handling）、包括列表（list）和字典（dictionary）在内的核心数据类型，以及模块（module）为基础的拓展系统。

目前，Python 已经成为最受欢迎的程序设计语言之一。2011 年 1 月，它被 TIOBE 编程语言排行榜评为 2010 年度语言。自 2004 年以来，Python 的使用率呈快速增长趋势。

1.1.2 Python 语言的特点

Python 的设计哲学是"优雅""明确""简单"，它的语法清楚、干净、易读、易维护，编程简单直接，更适合初学编程者，让初学者专注于编程逻辑，而不是困惑于晦涩的语法细节。对于想快速就职的读者而言，学习 Python 无疑是一条捷径。

一般来说，Python 语言具有如下特点。

1. 简单易学

Python 是一种代表简单主义思想的语言，用 Python 编写的程序就像英语段落一样流畅。此外，使用 Python 还可以编写伪代码，这使得在开发程序时只需专注于解决问题，而不用深究语言本身的语法。

2. 免费、开源

Python 是免费、开源的，人们可以自由地发布软件副本、阅读和修改源代码、提取部分功能用于其他软件等。Python 如此优秀，主要得益于其开源的特点，这使它可以由一群优秀的 Python 爱好者创造并时常改进完善。

3. 可移植性

Python 程序能够被移植到许多平台上，无须修改便可以在众多平台上运行，这些平台包括 Linux、Windows、FreeBSD、Macintosh、Windows CE、Pocket PC、Symbian、Android 等。

4. 面向对象

Python 既支持面向过程编程，也支持面向对象编程。在面向过程的语言中，程序是由封装了可重用代码的函数构成的。在面向对象的语言中，程序是由数据和功能组合而成的对象构建起来的。与其他主要编程语言，如 C++ 和 Java 相比，Python 可以以一种非常强大且简单的方式实现面向对象编程。

5. 丰富的库

Python 标准库非常庞大，可以用于处理各种工作，包括正则表达式、线程、数据库、网页浏览器、单元测试、图形用户界面（Graphical User Interface，GUI）等。除这些标准库外，Python 中还提供了许多高质量的库，包括 wxPython、Twisted 和 Python 图像库等。

1.1.3　Python 语言的应用领域

Python 作为一种功能强大且通用的编程语言广受好评，它具有非常清晰的语法特点，适用于多种操作系统，目前在国际上非常流行，因此 Python 的应用领域也越来越广泛。Python 应用的场景包括如下领域。

1. Web 开发

尽管今天 PHP 依然是 Web 开发的流行语言，但 Python 上升势头明显。随着 Python 的 Web 开发框架逐渐成熟，如 Django 和 Flask，读者可以快速地开发功能强大的 Web 应用。Django 是 Python Web 开发的首选框架，无论是建大型网站、开发 OA 还是 Web API，Django 都可以轻松胜任。

2. 网络爬虫

有了 Python，用几行代码就可以编写一个爬虫程序。爬虫程序从网络上获取有用的数据或信息，可以节省大量人工时间。能够编写网络爬虫程序的编程语言不少，Python 是其中的主流之一，Python 自带的 urllib 库、第三方的 requests 库和 Scrappy 框架使开发爬虫程序变得非常容易。

3. 计算与数据分析

随着 NumPy、SciPy、Matplotlib 等众多 Python 库的开发和完善，Python 越来越适合科学计算和数据分析。它不仅支持各种数学运算，还可以绘制高质量的 2D 和 3D 图像。与科学计算领域流行的商业软件 MATLAB 相比，Python 采用的脚本语言的应用范围更广泛，可以处理更多类型的文件和数据。

4. 人工智能

Python 在人工智能大范围领域内，如机器学习、神经网络、深度学习等方面都是主流的编程语言，得到了广泛的支持和应用。最流行的神经网络框架，如 Facebook 的 PyTorch 和 Google 的 TensorFlow 都采用了 Python 语言。

5. 自动化运维

Python 是运维工程师首选的编程语言。在很多操作系统中，Python 是标准的系统组件。大多数 Linux 发行版和 mac OS X 都集成了 Python，可以在终端下直接运行 Python。Python 标准库包含了多个调用操作系统功能的库。通过 pywin32 这个第三方软件包，Python 能够访问 Windows 的 COM 服务及其他 Windows API。使用 IronPython，Python 程序能够直接调用".NetFramework"。一般来说，Python 编写的系统管理脚本在可读性、性能、代码可重用性、扩展性等方面都优于普通的 shell 脚本。

6. 云计算

Python 的强大之处在于模块化和灵活性，而构建云计算平台 IaaS 服务的 OpenStack 就是采用 Python 开发的，云计算的其他服务也都是建立在 IaaS 服务之上的。

7. 网络编程

Python 提供了丰富的模块支持 socket 编程，能方便快速地开发分布式应用程序，很多大规模软件开发计划，例如，Zope、Mnet、BitTorrent 和 Google 都在广泛地使用。

8. 游戏开发

很多游戏使用 C++ 编写图形显示等高性能模块，而使用 Python 或者 Lua 编写游戏的逻辑、服务器。相较于 Python，Lua 的功能更简单、体积更小，但 Python 支持更多的特性和数据类型。Python 的 PyGame 库也可用于直接开发一些简单游戏。

Python 是一门对新手友好、功能强大、高效灵活的编程语言，无论是想进入数据分析、人工智能、网站开发这些领域，还是希望掌握第一门编程语言，都可以用 Python 来开启未来无限的可能。

1.2 Python 的版本和开发环境

目前广泛使用的是 Python 3 版本。对于每个 Python 工程师来说，必须使用集成开发环境这个开发工具；对于不同的读者来说，选择合适的编辑器环境，对 Python 编程效率的影响是非常大的。因此，选择合适的 Python 集成开发环境工具十分重要。

1.2.1 Python 语言的版本

Python 1.0 版本发布于 1994 年，是由 Guido Van Rossum 创建并发布的。Python 1.0 版本相较

于现在的版本，功能有限，缺乏很多现在常用的特性。

Python 2.0 版本发布于 2000 年，增加了很多新特性，如支持 Unicode、改进丰富了标准库、引入了新的运算符等。这些新功能使 Python 2.0 版本更加强大，更易于使用。

Python 3.0 版本发布于 2008 年，进行了重大的版本升级，修复了 Python 2.x 版本中的一些设计缺陷，并且不兼容 Python 2.x 版本。相较于 Python 2.0 版本，Python 3.0 版本新增改进字符串处理、改进整数除法、改进异常处理，新增语言特性，以及更好的 Unicode 支持等，这些新功能使 Python 3.0 版本更加强大且更易于使用。

1.2.2　Python 的下载和安装

Python 官方网站中可以下载 Python 解释器，构建 Python 的开发环境。下面以 Windows 系统为例演示 Python 的下载与安装过程，具体操作步骤如下。

（1）访问 Python 官网 https://www.Python.org/ 选项，如图 1-1 所示。

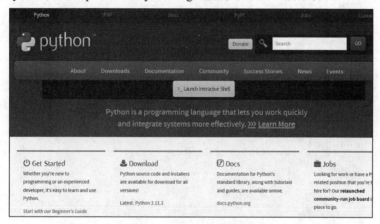

图 1-1　Python 官网首页

（2）选择 Downloads → Windows，跳转到 Python 下载页面，如图 1-2 所示。下载页面有很多版本的安装包，可以根据自己的需求下载相应的版本。这里选择 Python3.8.8 版本的 64 位离线安装包，单击 Windows installer（64-bit）超链接即可下载。

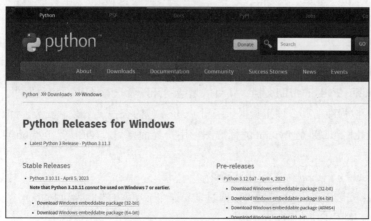

图 1-2　选择 Windows 平台的 Python 版本页面

（3）下载成功后，双击安装包，打开如图 1-3 所示的安装界面，开始安装。在 Python 3.8.8 安装界面中提供默认安装与自定义安装两种方式。对于安装界面下方的 Add Python 3.8 to PATH 复选框，若勾选此复选框，安装完成后 Python 解释器路径将被自动添加到环境变量中；若不勾选此复选框，则在使用 Python 之前需要手动将 Python 解释器路径添加到环境变量。

图 1-3　Python 的安装方式选择界面

（4）这里采用自定义安装方式，可以根据用户需求有选择地进行安装。在图 1-3 所示界面选择 Customize installation 选项，进入 Optional Features（可选功能）界面，如图 1-4 所示。

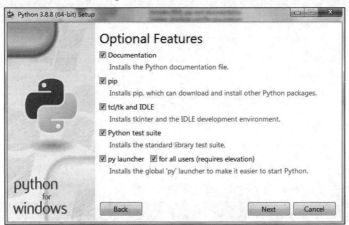

图 1-4　自定义安装的 Optional Features 界面

图 1-4 默认勾选了所有功能，这些功能的相关介绍如下。

Documentation：Python 帮助文档，其目的是帮助开发者查看 API 及相关说明。

pip：Python 包管理工具，该工具提供了对 Python 包的查找、下载、安装、卸载功能。

tcl/tk and IDLE：tcl/tk 是 Python 的标准图形用户界面接口，IDLE 是 Python 自带的简洁集成开发环境。

Python test suite：Python 标准库测试套件。

py launcher：安装 py launcher 后可以通过全局命令 py 更方便地启动 Python。

for all users：适用于所有用户。

（5）保持默认配置，单击 Next（下一步）按钮进入 Advanced Options（高级选项）界面，用户在该界面依然可以根据自身需求，选择是否勾选相应功能对应的复选框，以及设置 Python 安装路径，具体如图 1-5 所示。

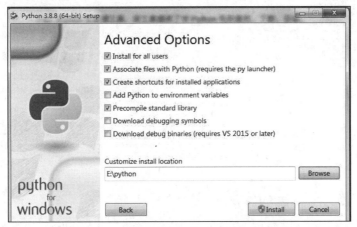

图 1-5　Python 安装的 Advanced Options 界面

（6）选好 Python 的安装路径后，单击 Install（安装）按钮开始安装，安装过程如图 1-6 所示。自此，Python3.8.8 安装完成，此时，打开 Windows 的"开始"菜单，在"所有程序"中会显示如图 1-7 所示的内容，其中"IDLE（Python 3.8）"为 Python 自带的编程工具。下面使用 Python 的 IDLE 程序检测 Python 3.8.8 是否安装成功。

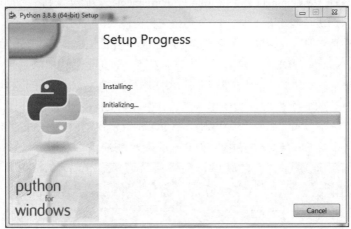

图 1-6　Python 安装过程界面

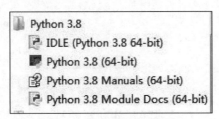

图 1-7　安装成功后的程序

在 Windows 系统中打开 IDLE Shell（IDLE 主窗口），如图 1-8 所示，在 IDLE Shell 中输入 print("hello python") 按 Enter 键后显示 hello python 的信息，表明安装成功。IDLE 主窗口的打开

方式会在 1.2.3 节详细说明。

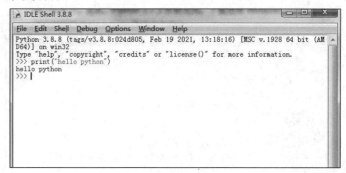

图 1-8　Python 安装成功后的显示内容界面

1.2.3　Python 语言的集成开发环境

Python 的集成开发环境一般包括代码编辑器、编译器、调试器和图形用户界面等工具。Pydev、Eclipse、VIM 等多种集成开发环境都可以用于 Python 程序的开发，本节介绍常用的 3 种集成开发环境，Python 自带的 IDLE、Spyder 和 PyCharm。

1. IDLE

IDLE（Integrated Development and Learning Environment，集成开发和学习环境）是 Python 自带的、默认的、入门级代码编写工具，包含交互式和文件式两种方式。在交互式中可以编写一行或者多行语句并且立即看到结果。在文件式中可以像其他文本工具类集成开发环境（Integrated Development Environment，IDE）一样编写代码。当安装好 Python 后，IDLE 就会自动安装，不需要另外安装，IDLE 的基本功能包括语法加亮、段落缩进、基本文本编辑、Tab 键控制、程序调试等。

本节将以 Windows 7 系统安装的 IDLE 为例，详细介绍如何使用 IDLE 开发 Python 程序。

单击系统的"开始"菜单，选择"所有程序"→ Python 3.8 → IDLE（Python 3.8 64-bit）选项（笔者电脑中安装的版本），即可打开 IDLE 主窗口，如图 1-9 所示。

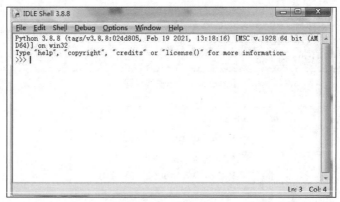

图 1-9　IDLE 主窗口

使用 IDLE 进行程序编写的具体步骤如下。

（1）在 IDLE 主窗口的菜单栏上，选择 File（文件）→ New File（新建文件）选项，打开一个新窗口，在该窗口中可以直接编写 Python 代码。

（2）在输入一行代码后按 Enter 键，将自动换到下一行，等待继续输入，如图 1-10 所示。

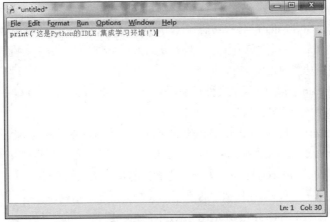

图 1-10　IDLE 的代码编辑界面

（3）按 Ctrl+S 快捷键保存文件，在弹出的"另存为"对话框中将文件名设置为 demo.py（.py 是 Python 文件的扩展名），单击"保存"按钮。在菜单栏中选择 Run → Run Module 选项（也可以直接按 F5 键），运行程序，运行结果如图 1-11 所示。

图 1-11　程序运行结果

2. Spyder

Spyder 是一个强大的交互式 Python 语言集成开发环境，提供高级的代码编辑、交互测试、调试等功能，支持 Windows、Linux 和 OS X 系统。安装 Anaconda[①] 后，Spyder 作为其中一个 IDE 自动安装。

Spyder 是 Python(x, y) 的作者为它开发的一个简单的集成开发环境。和其他 Python 开发环境相比，它最大的优点是可以很方便地观察和修改数组的值。

Spyder 的主界面如图 1-11 所示，Spyder 的界面由许多窗格构成，用户可以根据自己的喜好调整它们的位置和大小。多个窗格出现在一个区域时，将使用标签页的形式显示。在图 1-12 中，可以看到如下内容。

---

① Anaconda 是 Python 的一个发行版，其中内置了很多工具包，不用再单独安装。Anaconda 将 Python 和许多与科学计算相关的库捆绑在一起，形成了一个方便的科学计算环境，安装了 Ananconda 就相当于安装了 Python 和这些模块及库。

菜单栏（Menu bar）：包括 File｜文件、Edit｜编辑、Search｜查找、Source｜源代码、Run｜运行、Debug｜调试、Consoles｜控制台、Projects｜项目、Tools｜工具、View｜查看、Help｜帮助等菜单，通过菜单可以使用 Spyder 的各项功能。

工具栏（Tools bar）：通过单击图标可快速执行 Spyder 中最常用的操作，将鼠标悬停在某个图标上可以获取相应功能的说明。

路径窗口（Python path）：显示文件目前所处路径，通过其下拉菜单和后面的两个图标可以很方便地进行文件路径的切换。

代码编辑区（Editor）：编写 Python 代码的窗口，左边的行号区域显示代码所在行。

变量查看器（Variable explorer）：类似 MATLAB 的工作空间，可以方便地查看变量。

文件查看器（File explorer）：可以方便地查看当前文件夹下的文件。

帮助窗口（Help）：可以快速便捷地查看帮助文档。

控制台（IPython console）：类似 MATLAB 中的命令窗格，可以一行行地交互。

历史日志（History log）：按时间顺序记录输入到任何 Spyder 控制台的每个命令。

图 1-12　Spyder 主界面

Spyder 是 Python 用户中知名度很高的集成开发环境，具有如下特点。

（1）类 MATLAB 设计：Spyder 在设计上参考了 MATLAB 软件，Python 中的变量查看器模仿了 MATLAB 中的"工作空间（Workspace）"的功能，并且有类似 MATLAB 的 Python Path 管理对话框，对熟悉 MATLAB 的 Python 的初学者非常友好。

（2）资源丰富且查找便利：Spyder 具有变量自动完成、函数调用提示及随时随地访问文档帮助的功能，能够访问的资源及文档链接包括 Python、Matplotlib、NumPy、SciPy、Qt、IPython 等多种工具及工具包的使用手册。

（3）对初学者友好：Spyder 在其菜单栏的 Help（帮助）菜单中给用户提供了交互式的使用教程及快捷方式的备忘单，能够帮助用户快速直观地了解 Spyder 的用户界面及使用方式。

（4）工具丰富，功能强大：Spyder 中除了拥有一般 IDE 普遍具有的编辑器、调试器、用户图形界面等组件，还具有对象查看器、变量查看器、交互式命令窗口、历史命令窗口等组件，除此之外还拥有数组编辑及个性定制等多种功能。

3. PyCharm

PyCharm 是专业的 Python 集成开发环境，有两个版本。一个是免费的 Community(社区)版本，另一个是面向企业开发者的更先进的付费 Professional（专业）版本。PyCharm 是由 JetBrains 开发的 Python IDE，它具备了 IDE 所有的功能，最常见的功能是调试、语法高亮、Project 管理、代码跳转、智能提示、单元测试、版本控制等。另外，PyCharm 还提供了一些很好的功能用于 Django 开发，同时支持 Google App Engine。

PyCharm 的大部分功能在免费版本中都是可用的，包括智能代码补全、直观的项目导航、错误检查和修复，遵循 PEP8 规范的代码质量检查、智能重构，以及图形化的"调试器"和"运行器"。它还能与 IPython notebook 集成，支持 Anaconda 及其他的科学计算包，如 Matplotlib 和 NumPy。

PyCharm 专业版本支持更多高级的功能，如远程开发功能、数据库支持及对 Web 开发框架的支持等。

（1）下载。进入 PyCharm 官方下载地址 https://www.jetbrains.com/pycharm/download/ 进行下载，如图 1-13 所示。

图 1-13　Pycharm 下载选择界面

在官网首页，可以看到 PyCharm 的两个版本：Community（社区版，免费）和 Professional（专业版，收费）。建议大多数用户下载免费的社区版，除非有特定需求，如使用 Python 进行 Django 等 Web 开发，这时可以考虑使用专业版。单击 Community 下的 Download 按钮，开始下载 PyCharm 社区版。

（2）安装。找到下载 PyCharm 的路径，双击下载的 .exe 文件进行安装，如图 1-14 所示。

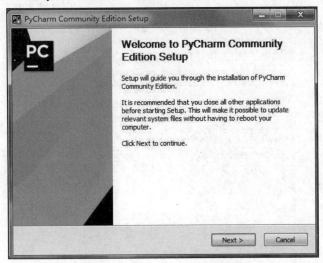

图 1-14　PyCharm 安装开始界面

单击安装开始界面中的 Next 按钮，进入安装的下一步，选择安装的路径，如图 1-15 所示。笔者选择将 PyCharm 安装到 F:\JetBrains 文件夹下面。

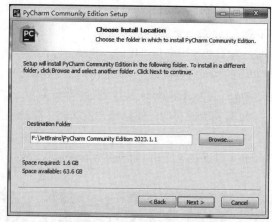

图 1-15　选择 PyCharm 安装路径

单击 Next 按钮，进入下一步操作，进入安装选项（Installation Options）界面，如图 1-16 所示。勾选全部复选框，单击 Next 按钮。

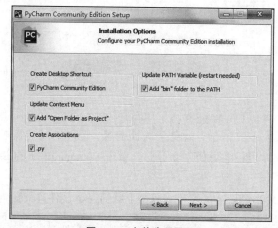

图 1-16　安装选项界面

在图 1-16 所示的安装选项界面中单击 Next 按钮后，进入安装进度界面，如图 1-17 所示。

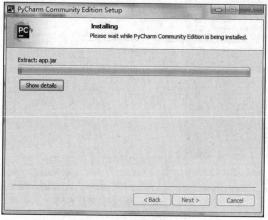

图 1-17　安装进度界面

等安装进度界面上的进度条完成后，表明文件复制全部完成，出现启动系统界面，计算机需要重新启动才能完成 PyCharm 的安装，如图 1-18 所示，选择 Reboot now 单选按钮将立即启动计算机。选择 I want to manually reboot later 单选按钮，计算机将在随后手动进行启动。至此，PyCharm 全部安装完成。

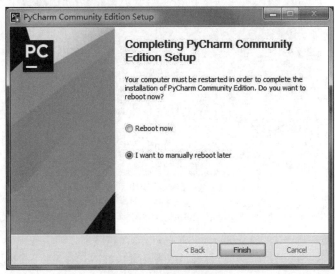

图 1-18　启动系统界面

（3）创建项目及文件。

① 双击左面的 PyCharm 图标，首次进入 PyCharm 时，出现导入设置的对话框。因为首次使用，不需要导入任何配置，在对话框中选择 Do not import settings，然后单击 OK 按钮。进入创建项目界面，选择 New Project 选项新建项目，如图 1-19 所示。

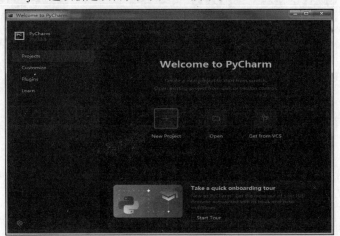

图 1-19　创建项目

② 选择项目路径和解释器。如图 1-20 所示，在 Location 后边的文本框中设定新建项目的路径，用于存放项目的文件，笔者路径为 E:\Python\PyCharm。

在解释器（Interpreter）的下拉栏选择 Python 解释器版本，这里会显示电脑上已经安装过的 Python，如果此处没有信息显示，单击右边的添加解释器（Add Interpreter）手动选择 Python 解

图 1-20　选择项目路径和解释器

释器的安装路径,如图 1-21 所示。选择好 Python 解释器后,单击 OK 按钮,回到图 1-20 所示界面。单击 Create 按钮,进入下一个界面。这时就可以创建文件了。

③ 创建 .py 文件。在项目文件夹上右击,或者从菜单栏中选择 File → New 菜单,如图 1-22 所示,选择 Python File 选项。

图 1-21　PyCharm 的解释器选择

图 1-22　选择创建文件类型菜单

(4)运行。输入文件名为 test,在代码区域写入 Python 代码:

```
print("hello pycharm!")
```

选择保存文件,然后右击,在弹出的快捷菜单中选择 Run 'test' 命令运行程序,如图 1-23 所示。

当控制台显示 hello pycharm! 时,如图 1-24 所示,表明 PyCharm 安装完成。

图 1-23　快捷菜单

图 1-24　PyCharm 运行程序

1.3 程序设计基本方法

编程语言根据执行机制的不同可以分为两类：静态语言和脚本语言。

静态语言采用编译方式执行，如 C 语言、Java 语言。编译是将源代码转换成目标代码的过程。源代码是高级语言代码，目标代码是机器语言代码，执行编译的计算机程序称为编译器。编译是一次性的翻译，一旦程序被编译，就不再需要编译程序或源代码。相对于源代码，编译所产生的目标代码执行速度更快。目标代码不需要编译器就可以运行，在相同类型操作系统上使用灵活。

脚本语言采用解释方式执行，例如，Python 语言、JavaScript 语言、PHP 语言。解释是将源代码逐条转换成目标代码并同时逐条运行目标代码的过程，执行解释的计算机程序称为解释器。解释则是在每次程序运行时都需要解释器和源代码。解释执行需要保留源代码，程序纠错和维护十分方便。只要存在解释器，源代码就可以在任何操作系统上运行，可移植性好。

1.3.1 Python 程序编写方法

Python 是一种解释型的脚本编程语言，支持交互式编程和源文件编程两种代码运行方式。

1. 交互式编程

在命令行窗口中直接输入代码，按 Enter 键就可以运行代码，并立即看到输出结果。执行完一行代码，还可以继续输入下一行代码，再次按 Enter 键可查看结果。整个过程就像在和计算机对话，因此称为交互式编程。

有两种方法可以进入 Python 交互式编程环境，第一种方法是在命令行工具或者终端（Terminal）窗口中输入 Python 命令。在 Windows 的 "开始" 菜单中，选择安装的 Python 3.8 文件夹，如图 1-25 所示，选择 Python 3.8（64-bit），单击，看到 ">>>" 提示符，如图 1-26 所示，就可以在终端窗口中使用 Python 的命令行方式开始输入代码了。在命令行中输

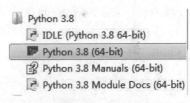

图 1-25 选择 Python 命令行运行文件

图 1-26 终端窗口交互式编程

入如下命令：

```
>>> print("hello python")    #回车
hello python
>>> (5+7)*5                  #回车
60
```

第二种进入 Python 交互式编程环境的方法是打开 Python 自带的 IDLE 工具，就会默认进入交互式编程环境，如图 1-27 所示。

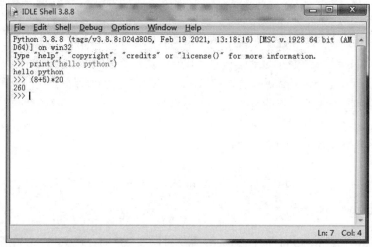

图 1-27　IDLE 交互式编程

IDLE 支持代码高亮，看起来更加清爽，因此推荐使用 IDLE 编程。可以在交互式编程环境中输入任何复杂的表达式（包括数学计算、逻辑运算、循环语句、函数调用等），Python 总能得到正确的结果。这也是很多非专业程序员喜欢 Python 的一个原因：只要输入想执行的运算，Python 就能给出正确的答案。

2. 源文件编程

交互式编程通常只能进行简单的运算操作，真正的项目开发还需要编写源文件。Python 源文件是一种纯文本文件，内部没有任何特殊格式，可以使用任何文本编辑器打开。任何编程语言的源文件都有特定的扩展名，Python 源文件的扩展名为 .py。Python 源文件是一种纯文本文件，会涉及编码格式的问题，也就是使用哪种编码存储源代码。Python 3.x 将 UTF-8 作为默认的源文件编码格式。

1.3.2　IPO 程序编写方法

IPO 是 input processing output 的简称，IPO 模式也被称为输入处理输出模式，其给出了程序编写的方法，根据名称就可以理解其执行机制。

input 表示程序输入，即 IPO 模式的输入，需要从外部接收数据，数据可以从文件内部读取或通过其他方式输入。

processing 表示处理（IPO 模式的关键），将输入的数据根据需求，使用不同的方法和算法进行处理，如类型转换或数据过滤等操作。

output 表示程序的输出，将输入的数据经过一定规则处理后的结果进行输出显示，用于输出显示的对象可以是任意的屏幕或文件。

Python 中实现 IPO 模式最简单的方式是通过 input() 函数从外部接收输入数值，将这个数值处理后，用 print() 函数输出到控制台。这样就完成了一次 IPO 模式的程序编写。如例 1-1 所示。

【例 1-1】编写一个 IPO 程序，求矩形的面积。

```
'''
求矩形的面积
'''
l = eval(input("输入矩形的长:"))
w = eval(input("输入矩形的宽:"))
s = l*w
print("矩形的面积为:",s)
```

程序包含以下 3 部分。

输入（I）：输入矩形的长 l 和宽 w。

处理（P）：计算矩形的面积，即 l*w。

输出（O）：print() 打印输出矩形的面积 s。

在采用 IPO 模式设计程序时，求解计算问题的步骤如下。

（1）确定 IPO：明确计算部分及功能边界。

（2）编写程序：将计算求解的设计变成现实。

（3）调试程序：确保程序能够按照正确逻辑运行。

1.3.3 面向过程和面向对象

面向过程和面向对象是两种不同的编程思想，不能说某编程语言是面向对象或是面向过程，而是某编程语言是否支持面向对象或面向过程。Python 支持面向对象，也支持面向过程。

1. 面向过程

面向过程是先分析出解决问题所需的步骤，然后用函数把这些步骤一步一步实现，程序运行时再依次调用。简单来说，面向过程的关键点在于解决某个问题，不管问题会涉及哪些数据和结构，它所关注的都是解决问题的过程，所有代码都是为了解决问题而设计的过程。

2. 面向对象

面向对象编程的特点是所有的操作都根据各个对象而进行。面向对象最核心的特点是将程序内的一切都当成一个个对象来进行处理和解析。Python 就是一个基于面向对象编程思想设计开发出来的语言。

3. 面向过程和面向对象的区别

面向对象和面向过程两种编程方式之间最大的区别是关注点不同，面向对象的所有操作都是围绕着具体的对象，通过对象之间相互交换数据来运行整个系统，而面向过程则是将问题拆解，分成不同的过程解决。

1.4 Python 的模块、包与库

模块：Python 的模块是一个 Python 文件，以 .py 结尾，包含 Python 对象定义和 Python 语句。模块能包含定义的函数、类和变量，也能包含可执行的代码。模块是一个有组织的代码片段，一个 .py 文件对应一个模块，其文件名就是模块名（去除扩展名 .py）。

包：一个包可以包含很多模块。将有联系的模块组织在一起，即放到同一个文件夹下，并且在这个文件夹下创建一个名为 __init__.py 的文件，该文件夹就称为包。

库：库是具有相关功能模块的集合。严格来说，Python 语法中没有库（library）的概念，模块（module）和包（package）才是 Python 语法中有的概念。库的概念是从其他编程语言引入的，通常所说的库，既可以是一个模块，也可以是一个包。

1.4.1 Python 的模块及其导入方式

在 Python 中，每个 Python 文件都可以作为一个模块，模块的名字就是文件的名字。

1. Python 导入模块的方式

（1）import 模块名。例如，导入模块 math，然后在程序中使用模块，具体代码如下。

```
>>> import math
>>> print(math.sqrt(9))
3.0
```

（2）from 模块名 import 功能名。例如，从模块 math 中导入 sqrt 函数功能，然后在程序中使用，具体代码如下。

```
>>> from math import sqrt
>>> print(sqrt(9))
3.0
```

（3）from 模块名 import *。例如，导入模块中的所有函数，然后进行使用，具体代码如下。

```
>>> from math import *
>>> print(sqrt(9))
3.0
```

（4）import 模块名 as 别名。例如，导入模块 time，并取一个别名为 tt，具体代码如下。

```
>>> import time as tt
>>> tt.sleep(2)
>>> print('hello')
hello
```

（5）from 模块名 import 功能名 as 别名。例如，从模块 time 中导入 sleep 函数，并取一个别名 sl，在程序中使用该函数的别名，具体代码如下。

```
>>> from  time import sleep as sl
>>> sl(2)
```

```
>>> print('hello')
hello
```

2. Python 的自定义模块

自定义模块的方法如例 1-2 所示。

【例 1-2】自定义模块 ch1_2 并调用。

新建一个 Python 文件，命名为 ch1_2.py，并定义 testA 函数。

```
def testA(a, b):
    print(a + b)
if __name__ == "__main__":
    testA(2,3)
```

调用自定义模块。另建一个新文件，在这个新文件中，导入自定义模块 ch1_2。

```
import ch1_2
ch1_2.testA(1, 1)
```

该文件运行时，会调用自定义的模块 ch1_2 中的函数 testA()。

1.4.2　Python 的包及其定义

1. 自定义包

在 PyCharm 中，选择 File→New→Python Package 选项，输入包名 mypackage 之后按 Enter 键，自定义一个包就完成了。

在包 mypackage 中自定义包内模块：my_module1 和 my_module2。模块内代码如例 1-3 所示。

【例 1-3】自定义包内模块程序。

```
#my_module1
print(1)
def info_print1():
    print('my_module1')
#my_module2
print(2)
def info_print2():
    print('my_module2')
```

2. 导入包

导入一个 Python 自定义包的方法，如例 1-4 所示。

【例 1-4】导入自定义包程序。

```
import mypackage.my_module1
mypackage.my_module1.info_print1()

from mypackage import my_module2
my_module2.info_print2()
```

结果输出:

```
1
my_module1
2
my_module2
```

1.4.3 Python 的库及其安装

Python 的库分为两类。一类是标准库,另一类是第三方库。标准库不需要安装,只需要导入;第三方库需要安装、需要导入。第三方库的安装方法如下。

(1)按 Win+R 组合键,打开"运行"对话框。
(2)在打开的"运行"对话框中输入 cmd。
(3)单击"确定"按钮。
(4)在 cmd.exe 中输入安装命令:pip install 库名。

1.5 使用帮助

Python 内置了很多函数、类方法属性及各种模块。当想要了解某种类型有哪些属性方法,以及每种方法如何使用时,可以使用 dir() 函数和 help() 函数

dir() 用来查询某个类或对象的所有属性和方法,如 dir(str)、dir(list)。

help() 函数是 Python 的一个内置函数,用于查看函数或模块用途的详细说明。在使用 Python 编写代码时,会经常使用 Python 调用函数、自带函数或模块,在遇到一些不常用的函数或模块的用途不是很清楚时就需要用 help() 函数来查看帮助。help() 函数能帮助了解模块、类型、对象、方法、属性的详细信息,帮助查看类型的详细信息,包含类的创建方式、属性、方法。函数原型为 help([object]),如 help(max)、help(mix)、help("keywords")。

查看 Python 所有的关键字:help("keywords")

查看 Python 所有的模块:help("modules")

单看 Python 所有的模块中包含指定字符串的模块:help("modules your str")

查看 Python 中常见的主题:help("topics")

查看 Python 标准库中的模块:import os.path,help("os.path")

查看 Python 内置的类型:help("list")

查看 Python 类型的成员方法:help("str.find")

查看 Python 内置函数:help("open")

1.6 Python 模块的 __name__ 属性

__name__ 是 Python 的一个内置类属性,它存在于 Python 程序中,作用为区分 .py 文件是直接被运行,还是作为模块被引入其他程序中,也就是表示当前程序运行在哪一个模块中。

Python 程序的运行有两种情况。

（1）当 Python 程序直接执行时，__name__ 变量的值就是 __main__。

（2）当 Python 程序作为模块被导入时，__name__ 变量的值就是程序的文件名，也就是 .py 前面的文件名称。

例如，功能模块的程序 test.py，在该程序中有一部分是测试代码，测试代码会输出内容，验证该程序是否能完成要求的功能。但是在实际导入该模块时，不需要输出测试内容。该功能模块的代码如例 1-5 所示。

【例 1-5】__name__ 属性的使用。

在文件中写入一个函数 add() 和其他代码。文件名为 ch1_5.py。

```
def add(a,b):
    return a+b
a = 5
b = 7
sum = add(a,b)
print("%d 与 %d 两个数的和为:%d"%(a,b,sum))
```

输出结果如下。

```
5 与 7 两个数的和为:12
```

这样就产生了一个问题，在调用该模块时，测试内容也会被执行并输出显示。虽然可以在提交代码前，删除这些用于测试的代码，但是通常提交以后，可能会因为一些 bug，或者需求本身进行了调整，代码需要重新修改，因此测试代码也可能被再次添加。如此反复就增加了一些工作量。

解决方案是只要在测试代码前加上 if __name__ == '__main__': 这段代码，那么在编写调试过程中直接运行该模块时，__name__ 的值为 __main__，即测试内容被执行；而在导入该模块时，__name__ 的值为 .py 文件名，测试内容不会被执行，就能完美地解决这个问题。对 ch1_5 程序作如下修改，然后在例 1-6 中导入，测试部分内容不会显示出来。

```
def add(a,b):
    return a+b
if __name__ == '__main__':
    a = 5
    b = 7
    sum = add(a,b)
    print("%d 与 %d 两个数的和为:%d"%(a,b,sum))
```

【例 1-6】导入自定义的模块。

模块中使用了 __name__ 属性，不再显示测试内容。

```
from ch1_5 import add
print(add(6,7))
```

运行结果：13

1.7 本章小结

本章介绍了 Python 语言的产生和发展，Python 的下载与安装，Python 的开发环境，Python 的编写与程序设计方法，以及 Python 模块、包、库的概念与安装使用方法。

（1）Python 目前仍在更新的是版本 3，版本 2 与版本 3 不兼容。

（2）根据自己电脑的操作系统，从 Python 官网上下载相应的安装包进行安装。

（3）可以在各种集成开发环境下开发 Python 程序，IDLE 是 Python 安装包程序自带的，可以进行简单的程序开发。Spyder 是一个简单易用的集成开发环境，是 Anaconda（Python 的一个集成包）默认的集成开发环境。PyCharm 是一个专业的集成开发环境。

（4）Python 程序编写可以采用命令交互方式，也可以采用文件方式。

（5）一个程序编写方法通常包含输入（input）、处理（processing）、输出（output）三部分，简称 IPO 模式。

（6）程序设计思想包括面向过程和面向对象方法，面向过程以程序的处理过程为核心进行设计，面向对象以程序的信息交互为核心进行程序设计。

（7）在 Python 程序中，一个文件就是一个模块，包有多个模块，库是具有相关功能模块的集合。

（8）Python 模块的 __name__ 属性，用来区分模块是直接运行还是导入运行。

习题

在线测试

一、选择题

1. 以下选项中说法不正确的是（　　）。
   A. 解释是将源代码逐条转换成目标代码并同时逐条运行目标代码的过程
   B. 编译是将源代码转换成目标代码的过程
   C. Python 语言是解释型语言，兼有编译功能
   D. 静态语言采用解释方式执行，脚本语言采用编译方式执行

2. IDLE 中字母 D 指的是（　　）。
   A. Document　　　B. Development　　　C. Down　　　D. Drop

3. Python 3.x 中默认的文件编码类型是（　　）。
   A. UTF-8　　　B. GB2312　　　C. ASCII　　　D. Unicode

4. Python 脚本文件的扩展名为（　　）。
   A. Python　　　B. py　　　C. pt　　　D. pg

二、简答题

1. 简要介绍 Python 是一门什么样的语言。
2. 简要介绍 Python 的发展历程。
3. 简述 Python 的主要应用领域。
4. 简要介绍 Python 的特点。

三、编程题

1. 编写一个能够输出 Hello Python 的程序（这个程序常常作为初学者接触一门新的编程语言所写的第一个程序）。

2. 用 IPO 方法设计一个程序。输入两个整数 A 和 B，输出 A 与 B 的和，保证 A、B 及结果均在整型范围内。

3. 设计一个包含加、减、乘、除函数的程序，将其保存为一个模块文件，在新的文件中导入该模块，输入数据后，调用该模块中的加、减、乘、除函数，计算相应的结果。

4. 设计一个模块文件，计算 a、b 两个数的和，使用模块的 __name__ 属性，分别进行直接运行和导入运行。

第 2 章

Python 的基本语法

CHAPTER 2

本章要点
- Python 程序的格式
- Python 的行与缩进
- Python 的基本数据类型
- Python 的运算符和表达式
- Python 的基本输入输出函数
- 注释

Python 是一门语法简洁优雅的语言，本章介绍 Python 的基本语法规则，主要包括 Python 程序的书写格式、缩进规则、变量和常量、数据类型、基本的运算符和表达式、基本的输入输出函数及 Python 的注释。

2.1 Python 程序的格式

一个 Python 程序包括注释、标识符、行与缩进规则，由运算符、变量构成的表达式构成。例 2-1 所示为一个 Python 程序，包含了 Python 程序的基本元素，如注释、标识符、缩进、表达式、运算符等基本元素，下面分别进行详细的介绍。

【例 2-1】一个 Python 程序。

```
# -*- coding: utf-8 -*-
"""
Created on Thu Apr 27 14:28:25 2023
第一个 Python 程序
@author: lenovo
"""
#这是我的第一个 Python 程序
score = eval(input("输入考试成绩:"))
if score>= 60:
    print("考试通过")
else:
    print("考试未通过")
```

2.1.1 Python 的标识符

标识符是指在程序中用来标识某个变量、函数、类等对象的名称。在 Python 中，标识符用来区别每个对象的对象名称。标识符由用户定义，主要用来给变量（varible）、函数（function）、类（class）、模块（module）等命名，如例 2-1 中的 score 是一个变量，用于保存输入的成绩。

2.1.2 Python 标识符的命名规则

每种编程语言都有自己的标识符命名规则，这些规则都大同小异。Python 的标识符命名规则主要包括以下内容。

（1）标识符合法的字符：26 个英文字母（包括大小写 a~z，A~Z）、10 个阿拉伯数字（0~9）及下画线（_）。

（2）标识符的第一个字符只能是字母或下画线，不能以数字开始。

（3）Python 标识符的长度没有限制。

（4）用户定义的标识符不能是 Python 的保留字或关键字，如 for、if 等。

（5）Python 是英文字母大小写敏感的编程语言，如 Abc、abc、ABc 是不同的标识符。

1. 合法的标识符

name1：该标识符是由字母和数字组成的，且第一个字符是英文字母，因此是合法有效的标识符。

　　student_age：该标识符是由字母和下画线组成的，且第一个字符是英文字母，是合法有效的标识符。

　　_income：该标识符是由下画线和字母组成的，且第一个字符是下画线，是合法的标识符。

　　在实践中，为了增强 Python 程序的可读性，在给标识符命名时，尽量做到见名知义。否则，随着时间的流逝，在没有注释的帮助下，读者很可能就不知道标识符的具体含义了。

2. 不合法的标识符

　　为了更好地理解 Python 标识符的命名规则，下面给出一些不合法的标识符。

　　100：该标识符只由数字构成，违反了第一个字符不能是数字的规则。

　　3year：该标识符也是违反了第一个字符不能是数字的规则。

　　a-b：该标识符中包含不合法的字符（-）。

　　for：该标识符是 Python 中的关键字。

　　teacher and student：该标识符包含非法的字符空格，即空白字符。

　　对于一个初学者来说，判断一个标识符是否合法，可能存在一定的困难。针对这一特点，Python 中给出了标识符有效性检验的函数 isidentifier()，用于判断一个标识符是否是合法的标识符。

3. 标识符命名注意事项

　　（1）Python 的类名一般以大写英文字母开始，如 Student、Tutor、Employee 等。若类名由多个词构成，则每个词的第一个英文字母都要大写，如 Person、HttpHelper 等。

　　（2）变量、函数、模块的标识符只由一个词组成时，要使用小写英文字母命名，如 site、hello() 等。若由多个词构成，则词与词之间要使用下画线隔开，如 site_name、print_path() 等。

　　（3）如果一个变量被定义为私有变量，则其标识符的第一个字符可以是下画线。

　　（4）第一个字符和最后一个字符都是下画线的标识符是 Python 的内置类型，自定义标识符应避免使用这种形式命名，以免引起混淆；也不要使用第一个字符和最后一个字符都为两个下画线（__）的情况，这也是 Python 内部一些特殊方法的命名规则。

　　（5）标识符命名时尽量做到见名知义，方便阅读，提高阅读效率。

　　（6）若某个函数是用来判别某种情况的，且返回值是布尔类型，则其标识符的前两个字符可用 is，如 isover、ishead 等。

　　（7）标识符不宜过长，否则书写不方便，阅读也困难。

2.2　Python 的行与缩进

　　在 Python 中，缩进是指用空格将代码行前面的空白部分对齐，以表明代码行属于哪个代码块。Python 不使用大括号表示代码块，而是通过缩进来确定代码块的开始和结束。这种缩进方式在其他编程语言中并不常见，因此 Python 的缩进规则经常是初学者遇到的难点。Python 中的缩进必须是一致的，通常使用 4 个空格表示一个缩进级别。

2.2.1 Python 的行

Python 代码中一行只能有一个语句，如果一行含有多个语句将会抛出异常。Python 语句一般以新行作为语句的结束符号，但是可以使用反斜杠（\）将一行的语句分为多行显示。

【例 2-2】Python 程序的行规则。

```
num1 = 1
num2 = 2
num3 = 3
total = num1 + \
num2 + \
num3
print("total is : %d"%total)
```

语句中包含 []，{} 或 () 就不需要使用反斜杠。

```
days = ['Monday', 'Tuesday', 'Wednesday',
'Thursday', 'Friday']
print(days)
```

函数之间或类的方法之间用空行分隔，表示一段新的代码的开始。类和函数入口之间也用一行空行分隔，以突出函数入口的开始。空行与代码缩进不同，空行并不是 Python 语法的一部分。书写时不插入空行，Python 解释器运行也不会出错。空行的作用在于分隔两段不同功能或含义的代码，以便于日后代码的维护或重构。空行也是程序代码的一部分。

2.2.2 Python 的缩进规律

对于 Python 而言，代码缩进是一种语法，Python 没有像其他语言一样采用 {} 或 begin...end 分隔代码块，而是采用代码缩进和冒号区分代码之间的层次。缩进的空格数量是可变的，但是所有代码块语句必须包含相同的缩进空格数量。

【例 2-3】程序的缩进规则。

```
if True:
    print("Hello girl!")  #缩进一个 Tab 键的占位
else:  #与 if 对齐
    print("Hello boy!")  #缩进一个 Tab 键的占位
```

Python 对代码的缩进要求非常严格，如果不采用合理的代码缩进，将抛出 SyntaxError 异常。

2.3 Python 的基本数据类型

在计算机科学和计算机编程中，数据类型是数据的一个属性，它告诉编译器或解释器，程序员想要如何使用数据，以及数据在计算机内存中的存放和组织。

2.3.1 Python 数据类型概述

数据类型约束表达式的值，定义了可以对数据执行的操作、数据的含义及存储该类型值的方式。数据类型提供一组值，表达式（即变量、函数等）可以从中获取该值。

Python 的数据类型有三类：数字类型，包括整数（int）、浮点数（float）、复数（complex）、布尔类型（bool）；字节类型，包括字符串（string）、字节串（bytes）；组合类型，包括集合（set）、元组（tuple）、列表（list）、字典（dictionary）。

其中，数字类型和字节类型中的字符串是基本的数据类型，数字类型和字符串类似于元组，是不可变数据类型，列表、字典与集合是可变数据类型。

本节介绍 Python 的数字类型和字节类型这些基本数据类型，其他类型在第 5 章介绍。

2.3.2 Python 的数字类型

数字类型包括整数、浮点数、复数和布尔类型。

1. 整数

在 Python 中，整数没有取值范围限制，整数类型常称为整型（可正可负），不存在长整型、短整型的区分。例如，代码 print(pow(2, pow(2, 10)))，利用 pow()（幂函数）可以获取一个非常大的整数，理论上只要计算机内存能存储这个整数，就能在计算机上进行运算。

2. 浮点数

浮点数可以从取值范围、不确定尾数、科学记数法和大精确浮点运算等方面来理解。Python 的浮点数可以采用科学记数法的方式表示，浮点数科学记数法表示使用英文字母 e 或 E 作为幂的符号，以 10 为基数，格式为：<a>e<b>，表示 a×10 的 b 次方。例如，1.2e-3 表示的值为 0.0012，9.8E7 表示的值为 98000000.0。

采用科学记数法的优点：可以避免采用小数的方式表示浮点数，阅读更加方便与灵活。

Python 的浮点数有不确定尾数的问题：print(0.1+0.2)，输出的值为 0.30000000000000004，这里的尾数 4 称为不确定尾数。为什么计算机计算会产生不确定尾数呢？这是因为一些十进制小数不能精确地表示为二进制小数，导致了大多数情况下，输入的十进制浮点数只能近似地以二进制浮点数形式存储在计算机中。例如，十进制的 0.1 无法精确地表示为一个以 2 为基数的小数，在以 2 为基数的情况下，1/10 是一个无限循环小数：0.00011001100110011001100110011001100 1100110011…。

不确定尾数问题是计算机二进制造成的，不是 Python 错误，也不是代码错误，而是广泛存在于计算机语言中。为了便于阅读，通常会限定有效位数的长度来消除不确定尾数。Python 中常用 round() 函数辅助浮点数运算消除不确定尾数。例如，round(0.1+0.2, 1) 表示取一位小数，输出显示值为 0.3。

在 Python 中进行大精确浮点运算通常需要使用专门的库，如 decimal 模块。decimal 模块可以提供任意精度的浮点数运算。

以下是使用 decimal 模块进行大精确浮点运算的例子。

```
from decimal import Decimal, getcontext
#设置精度
getcontext().prec = 30    #可以设置为需要的精度,30位是比较常见的
#使用 Decimal 来进行运算
a = Decimal('1.23456789012345678901234567789')
b = Decimal('0.87654321098765432109876543211')
result = a + b
print(result)             #输出结果会根据设置的精度显示
```

在这个例子中，设置了上下文的精度为 30 位，然后使用 decimal 对两个浮点数进行了加法运算。这样可以得到一个高精度的计算结果。

Python 中的浮点数取值范围受限于机器的浮点表示和精度。在大多数情况下，Python 使用双精度浮点数（double）。浮点数的精度限制了能够精确表示的十进制数字的个数，超过这个数字将不能保证精确表示。

3. 复数

在 Python 中，复数表达方式与数学概念一致，可以用 a+bj 或 complex(a, b) 来表示，复数的实部 a 和虚部 b 都是浮点型。获取复数的实部与虚部方法如下。复数 z =a+bj，其中 z.real 表示获取复数 z 的实部，z.imag 表示获取复数 z 的虚部。

4. 布尔类型

布尔值对应的数据类型称为布尔类型。布尔值有两种：True 和 False，每个对象都具有布尔值，值为 0 的任何数字或对象为空值（null）的布尔值都为 False。

在 Python3 中，True=1，False=0，布尔值可以和数字类型进行运算。所有标准对象均可以用于布尔测试，同类型的对象之间可以比较大小。

2.3.3 Python 的字节类型

1. 字符串

字符串就是一串字符，是编程语言中表示文本的数据类型。Python 中可以使用一对双引号（""）或一对单引号（''）定义一个字符串。

```
S = "hello world"
S = 'hello world'
```

可以使用索引获取一个字符串中指定位置的字符，索引计数从 0 开始，也可以使用 for 循环遍历字符串中每一个字符。

2. 字节串

字节串（bytes）类型是以字节为单位进行处理的。Python3 最重要的新特性之一是对文本和二进制数据作了明确的区分；文本是 unicode 编码，由字符串类型表示；二进制数据则由字节串类型表示。Python3 不会以任意隐式的方式混用字符串和字节串，不能拼接字符串和字节串，也无法在字节串中搜索字符串，也不能将字符串传入参数为字节串的函数。在字符串前面加 b，可将字符串转换为字节类型。

```
bt_1 = b'hello'
print(type(bt_1))      #<class 'bytes'>
```

3. 字节串和字符串的异同

字节串是一种比特流，存在形式是 01010001110 这样的二进制形式。比特流必须有一个编码方式，使其变成有意义的比特流，而不是一些晦涩难懂的二进制数字 01 组合。因为编码方式的不同，对这个比特流的解读也会不同。例 2-4 给出了 Python 处理字符编码问题的方法。

【例 2-4】字符串与字节类型的不同。

```
>>> s = "中文"
>>> type(s)
<class 'str'>
>>> b = bytes(s, encoding = 'utf-8')
>>> b
b'\xe4\xb8\xad\xe6\x96\x87'
>>> type(b)
<class 'bytes'>
```

从上面的代码中可以看出，字符串（str）和字节类型（bytes）之间的不同。用变量 s 定义了一个字符串，其值为"中文"。然后，使用 type() 函数查看 s 的类型，结果为 '<class 'str'>'，表示 s 是一个字符串类型。接下来，使用 bytes() 函数将字符串 s 转换为字节类型。bytes() 函数的第一个参数是要转换的字符串，第二个参数是编码方式，这里使用的是 utf-8 编码。将转换后的字节类型赋值给变量 b。最后，打印变量 b 的值，可以看到它是一个字节类型的对象，表示为 'b'\xe4\xb8\xad\xe6\x96\x87''。再使用 type() 函数查看 b 的类型，结果为 '<class 'bytes'>'，表示 b 是一个字节类型。\xe4 是十六进制的表示方式，它占用 1 字节的长度，因此字符串"中文"被编码成 utf-8 字节类型后，可以看到一共用了 6 字节，每个汉字占用 3 字节。

2.4 Python 的运算符和表达式

运算符是用于执行程序代码的运算，对一个以上的操作数进行运算，是可以执行某种运算或某项操作的符号。例如，4+5 这个表达式中的 4 和 5 就是操作数，它们中间的"+"就是加法运算符，加法运算符可以将左右两个操作数相加，并得到相加的结果。

表达式是将不同类型的数据（常量、变量、函数）用运算符按照一定的规则连接起来的式子，表达式由运算符和操作数组成。

2.4.1 Python 的变量

变量是存放数据值的容器，与其他编程语言不同，Python 没有声明变量的命令。首次为其赋值时，才会创建变量。

变量可以使用短名称（如 x 和 y）或更具描述性的名称（age、carname、total_volume）表示。

1. 创建变量

变量的创建方法如例 2-5 所示。

【例 2-5】 变量的创建。

```
>>> x = 10
>>> y = "Bill"
>>> print(x)
10
>>> print(y)
Bill
```

变量不需要使用任何特定类型的声明,甚至可以在设置后更改其类型。

```
>>> x = 5 # x 是整数类型
>>> x = "Steve" # x 现在是字符串类型
>>> print(x)
Steve
```

字符串变量可以使用单引号或双引号进行声明。

```
>>> x = "Bill"
>>> x
'Bill'
>>> y
'Bill'
```

2. Python 变量的赋值

Python 变量的赋值是指将数据放入变量的过程。Python 允许在一行中为多个变量赋值。

【例 2-6】 在一行中为多个变量赋值。

```
>>> x, y, z = "Orange", "Banana", "Cherry"
>>> print(x)
Orange
>>> print(y)
Banana
>>> print(z)
Cherry
```

【例 2-7】 在一行中为多个变量分配相同的值。

```
>>> x = y = z = "Orange"
>>> print(x)
Orange
>>> print(y)
Orange
>>> print(z)
Orange
```

2.4.2 Python 的运算符

Python 的运算符有算术运算符、比较运算符、赋值运算符、逻辑运算符、位运算符、成员运算符、身份运算符等。

1. 算术运算符

Python 中的算术运算符有 +（加）、-（减）、*（乘）、/（除）等，具体如表 2-1 所示。

表 2-1 算术运算符

符　号	描　述
+	加
-	减
*	乘
/	除
%	求余（返回余数）
**	幂运算
//	整除（返回商的整数）

（1）加减运算符：只要参与运算的操作数有浮点数，返回类型就为 float。

```
>>> print(1 + 0.5)        #1.5,返回类型为float
1.5
>>> print(3 - 2.0)        #1.0,返回类型为float
1.0
```

（2）乘法、幂运算。

```
>>> print(3 * 3)          #* 为乘号
9
>>> print(3 ** 4)         #** 为幂运算
81
>>> print(50-5*6)         #输出结果为20
20
>>> print((50-5*6)/4)     #5.0,有括号的混合运算,括号内的运算优先
5.0
>>> print(10-2*3)         #先计算乘法,再计算减法
4
```

（3）* 与字符串作搭配的乘法运算。

```
>>> print('-')
-
>>> print('-'*50)         #打印50个-
--------------------------------------------------
```

（4）除法运算：除法运算返回值均为浮点数。

```
>>> print(10 / 2)         #除法运算,返回值为浮点数5.0,除法运算返回值均为浮点数
5.0
>>> print(9 / 3)          #/ 为除以,返回值为浮点数3.0
3.0
>>> print(10 / 3)         #计算机的存储方式为二进制数字010101,由于二进制的有穷性,输出结
                          #果为3.3333333333333335
3.3333333333333335
```

（5）整除：向下取整数，所取整数是比实际结果要小的一个整数。注意运算结果出现负数的

情况,如 –10//3。

```
>>> print(9 // 4)        #整除,2.25 向下取整,输出结果为 2
2
>>> print(9 // 2)        #输出结果为 4
4
>>> print(10 // -3)      #-3.3333333333333335 向下取整,-4 比 -3 小,因此输出结果为 -4
-4
>>> print(10 // 3)       #//:整除,3.3333333333333335 向下取整为 3
3
>>> print(-10 / 3)       #-3.3333333333333335
-3.3333333333333335
>>> print(-10 // 3)      #-3.3333333333333335,向下取整为 -4
-4
```

(6)求余数运算:计算出模,返回除法余数。

```
>>> print(10 % 3)        #%:百分号用作取模运算符,此处用于计算两个数相除后的余数
1
>>> print(-10 % 3)       #计算过程: -10//3 = -4, -4*3 = -12, -10-(-12) = 2
2
```

对于 % 运算符,Python 遵循以下规则:
① 如果 a 和 b 都是非负数,结果与数学上的取模相同,即 a 除以 b 的余数。
② 如果 a 是负数,b 是正数,结果将是负数,其绝对值等于 b 减去 a 除以 b 的商乘以 b 的余数。
所以,–10 % 3 的计算过程如下:
① –10 除以 3 的商是 –4(整数部分),因为 –10 可以被 3 整除 –4 次。
② 计算余数,即 –10 减去 –4 乘以 3。–4 乘以 3 等于 –12,–10 减去 –12 等于 2。
因此,–10 % 3 的结果是 2。

2. 比较运算符

Python 中的比较运算符包括 >(大于)、<(小于)、==(相等)等,比较运算符如表 2-2 所示。

表 2-2 比较运算符

运 算 符	描 述
==	比较值是否相等
!=	比较值是否不相等
>	大于
<	小于
>=	大于或等于
<=	小于或等于

(1)相等运算符(==)。
判断左右两边的对象是否相等。比较运算符返回布尔类型,True 为 1,False 为 0。

```
# 比较运算符 返回的都是布尔类型
>>> print(True == 1)     #== 比较两个值是否相等,返回布尔值
```

```
True
>>> print(False == 0)        #True
True
>>> print(True + 1)          #True 可以看作数值1，参与运算。输出结果为2
2
>>> print(False + 1)         #False 看作数值0，也参与运算。输出结果为1
1
>>> print(2.0 == 2)          #True，比较运算符比较的是数值。
True
>>> print('2' == 2)          #False，字符串不是数值，因此输出结果为False。
False
```

（2）不等运算符（!=）。

```
>>> a = 1
>>> b = 2
>>> print(a != b)            #True  不等号 !=
True
```

注意：!= 不能分开写。

（3）大于（>）和小于（<）运算符。

数值比较：简单的数字进行比较。

```
>>> print(2.5>2)             #True，数值比较
True
```

字符串与字符串进行比较，用 ASCII 值进行比较，例如：

```
>>> print("abc"<"xyz")       #True，可以比较,ASCII 值比较为：97 98 99<120 121 122
True
```

逐个比较，比较出结果就结束。

```
>>> print("ab"<"ac")         #a=a 无法比较大小，接着比较b是否小于c,b确实小于c,因此输出
结果为True
True
>>> print("ab">"ac")         #False
False
>>> print('a' >= 'a')        #True，虽然 'a' 不大于 'a'，但是两者相等，因此输出结果为True
True
```

3. 赋值运算符

Python 中的赋值运算符包括 =（赋值运算符）、+=（加法赋值运算符）、-=（减法赋值运算符）等。赋值运算符如表 2-3 所示。

表 2-3 赋值运算符

运算符	描述	实例
=	赋值运算符	c=a+b
+=	加法赋值运算符	c+=a 等价于 c=c+a
-=	减法赋值运算符	c-=a 等价于 c=c-a
*=	乘法赋值运算符	c*=a 等价于 c=c*a

续表

运算符	描述	实例
/=	除法赋值运算符	c/=a 等价于 c=c/a
%=	取余赋值运算符	c%=a 等价于 c=c%a
**=	幂赋值运算符	c**=a 等价于 c=c**a
//=	取整赋值运算符	c//=a 等价于 c=c//a

赋值运算，将等号右边赋值给等号左边。

```
>>> a = 1              #将等号右边赋值给等号左边
>>> a = a + 1          #先进行等号右边的计算,然后将结果赋值给等号左边
>>> print(a)
2
>>> a += 1     #a = a+1
>>> print(a)           #3
3
>>> print(a++)         #Python 不支持 a++、a-- 的语法
SyntaxError: invalid syntax
>>> a /= 1     #a = a/1
>>> print(a)           #3.0
3.0
```

4. 逻辑运算符

Python 中的逻辑运算符包括 and（逻辑与）、or（逻辑或）、not（逻辑非）等。逻辑运算符操作如表 2-4 所示。

表 2-4　逻辑运算符

运算符	表达式	描述
and	x and y	逻辑与，x 与 y 都为 True，返回 True
or	x or y	逻辑或，x 与 y 只要有一个为 True，就返回 True
not	not x	逻辑非，当 x 为 True，not x 返回 False

and（逻辑与）：两个都为 True 才为 True，否则为 False。or（逻辑或）：有一个为 True 则为 True。

```
>>> print(3 > 2 and 2 > 1)    #返回的是布尔类型,3>2 为 True,2>1 为 True,两个都为 True
                              #True, 因此输出为 True
True
>>> print(3 > 2 or 2 > 1)     #返回的是布尔类型,3>2 为 True,2>1 为 True,两个都为 True
                              #True, 因此输出为 True
True
>>> print(3 > 2 or 2 < 1)     #返回的是布尔类型,3>2 为 True,2<1 为 False, 有一个为 False
                              #True, 因此输出为 True
True
>>> print(not (3>2))          #3>2 为 True,not True 则输出为 False
False
```

True 的值为 1，False 的值为 0，两者可以进行逻辑运算。

```
>>> a = True
>>> b = True
>>> c = False
>>> d = False
>>> print(a and b)              #True
True
>>> print(a and c)              #False
False
```

连续比较：a>b>c 等价于 a>b and b>c，两者都为 True 才为 True。

```
>>> print(3>2>1)                #True
True
>>> print(3>2>2)                #3>2 为 True,2>2 为 False,有一个不是 True,因此输出为 False
False
>>> print((3>2)>1)              #小括号内的运算具有优先级,其结果为 True,而 True > 1 为 False,
                                #因此输出为 False
False
>>> print(True == 1)            #True 值为 1,1 等于 1 为 True,因此输出为 True
True
```

5. 位运算符

位运算是按照二进制的位数进行按位与（&）、按位或（|）、按位异或（^）。位运算符如表 2-5 所示。

表 2-5　位运算符

运算符	描述
&	按位与：两者都为 1，结果为 1，否则为 0
|	按位或：只有一个或全部为 1 则为 1，否则为 0
^	按位异或：两者相等为 0，相异为 1

例如，a=60，b=13，其二进制为 a=00111100，b=00001101。

```
a&b = 00001100                  #两者都为 1 才为 1,否则为 0
a|b = 00111101                  #有一个为 1 则为 1
a^b = 11001110                  #两者相同则为 1,不同则为 0

>>> a = 13
>>> b = 60
>>> c = a^b
>>> print(c)
49
>>> print(c^a)                  #60
60
>>> print(b^c)                  #13
13
>>> print(a&b)                  #12
12
>>> print(bin(a&b))             #bin() 函数,用于转换为二进制
0b1100
```

6. 成员运算符

Python 中的成员运算符包括 in（在）、not in（不在），如表 2-6 所示。in 与 not in 是 Python 独有的运算符（全部都是小写的字母），用于判断对象是否是某个集合的元素之一。返回的结果是布尔类型的 True 或 False。

表 2-6　成员运算符

运算符	描述
in	判断某个值是否在指定的序列中，在则返回 True
not in	判断某个值是否在指定的序列中，不在则返回 True

```
# 判断,"China" 在 Class_li 中则返回 True
>>> name = "china"
>>> class_li = ["英国","美国","日本","china"]
>>> print(name in class_li)
True

#判断,"法国"不在 class_li 中则返回 True
>>> name = "法国"
>>> print(name not in class_li)
True

>>> print('张三' in ['小明','张三','小红'])     #张三在集合中,因此返回 True
True
>>> print('张三'not in['小明','li','小红'])     #张三不在集合中,因此返回 True
True
```

7. 身份运算符

Python 中的身份运算符包括 is（是）、is not（不是），如表 2-7 所示。身份运算符（is、is not）也是 Python 的特色语法（全部都是小写字母）。

表 2-7　身份运算符

运算符	描述
is	判断两个对象的内存地址是否一致，是则返回 True
is not	判断两个对象的内存地址是否一致，不一致则返回 True

注意：is 与 == 的区别。
（1）is 用于判断两个变量的引用是否为同一个内存地址（可使用 id() 查看）。
（2）== 用于判断两个变量的值是否相等。
可使用 print（id（a））查看 a 的内存地址。

```
>>> a = [1,2,3]
>>> b = [1,2,3]
>>> print(a is b)        #is 比较两者的内存地址 (id()),a 和 b 的内存地址不一样,因此返回 False
False
>>> print(a is not b)    #a 和 b 的内存地址不一致,因此返回 True
True
>>> print(id(a))
48692992
```

```
>>> print(id(b))
40823616
>>> print(a==b)         #== 是比较二者值是否相等，a 与 b 的值相等，因此返回 Ture
True
```

如果 a=b=[1，2，3]，则 a 与 b 的内存地址相等。

8. 三目运算符

Python 中三目运算符的表示方法：True_statements if expression else False_statements。三目运算符和 if...else 相似。

采用 if...else 处理。

```
>>> a = 1
>>> b = 2
>>> if a+b>3:
    print(a+b)
else:
    print(b-a)
1
```

运用三目运算符处理。

```
>>> print(a+b if a+b>3 else b-a)
1
```

可见，采用三目运算符减少了程序代码数量，程序更简洁。

2.4.3　运算符优先级

运算符存在着优先级，优先级高的运算符优先计算或处理，同级别的按从左往右的顺序计算或处理（赋值运算符除外，它是按从右往左的顺序）。运算符优先级如表 2-8 所示，优先级从上到下，最高优先级为幂运算，最低优先级为逻辑运算。

表 2-8　运算符优先级

运　算　符	优先级描述
**	指数（最高优先级）
*、/、%、//	乘、除、取余、整除
+、-	加、减
<=、<、==、>、>=	比较运算符
==、!=	比较运算符
=、+=、-=、/=、*=、%=、//=、**=	赋值运算符
is、is not	身份运算
in、not in	成员运算
and、or、not	逻辑运算

2.4.4 赋值语句

1. 链式赋值

链式赋值用于同一个对象赋值给多个变量,将1赋值给x、y、z三个变量。

```
>>> x = y = z = 1
>>> print(x)        #1
1
>>> print(y)        #1
1
>>> print(z)        #1
1
```

2. 多元赋值

多元赋值,等号两边的对象都是元组并且元组的小括号是可选的,数据赋值给对应相同个数的变量,个数必须保持一致。例如,(x,y)=(1,2)语句是将1、2分别赋值给x、y。

```
#元组的括号可以不写
>>> x, y = 1, 2
>>> print(x)        #1
1
>>> print(y)        #2
2
```

3. 增量/减量/乘量/除量赋值

```
>>> x = 5
>>> x += 1          #相当于 x = x+1
>>> print(x)        #6
6
>>> x -= 2          #相当于 x = x-2
>>> print(x)        #4
4
>>> x *= 2          #相当于 x = x*2
>>> print(x)        #8
8
>>> x /= 4          #相当于 x = x/4
>>> print(x)        #2
2.0
```

4. 解压赋值

解压赋值,可迭代序列或可迭代对象解压后赋值给多个变量。

```
# 将元组的值依次赋值给 a、b、c、d、e 五个变量
>>> m_tuple = (1,2,3,4,5)
>>> a,b,c,d,e = m_tuple
# 分别输出 a、b、c、d、e 的值
>>> print(a)        #1
1
>>> print(b)        #2
```

```
2
>>> print(c)            #3
3
>>> print(d)            #4
4
>>> print(e)            #5
5
# 将元组的值依次赋值给 a、b、c 三个变量
>>> m_string = 'wel'
>>> a,b,c = m_string
# 分别输出 a、b、c 的值
>>> print(a)            #'w'
w
>>> print(b)            #'e'
e
>>> print(c)            #'l'
l
# 将元组的值依次赋值给 a、c、e 三个变量
>>> m_tuple = (1,2,3,4,5)
>>> a,_,c,_,e = m_tuple
# 分别输出 a、c、e 的值
>>> print(a)            #1
1
>>> print(c)            #3
3
>>> print(e)            #5
5
```

2.4.5　Python 的表达式

Python 的表达式是运算符和操作数进行有意义排列所得的组合。操作数可以是值、变量、标识符等。单独的一个值或一个变量也是一个表达式。表达式是 Python 程序中最常见的代码，是一段可以被求值的代码。因为可以被求值，所以一般表达式可以写在赋值语句"="的右边，表达式可以作为语句的组成部分。

1. 赋值表达式

赋值表达式格式如下。

```
X = 0
Y = 10
```

2. 条件表达式

条件表达式（有时称为三元运算符）在所有 Python 运算中具有最低的优先级。表达式 x if C else y 首先是对条件 C 求值，如果条件 C 为真，x 将被求值并返回其值；否则将对 y 求值并返回其值。

```
a = 5 if 3 > 2 else 1
#a = 5
```

3. lambda 表达式

lambda 是一个匿名函数,可以将 lambda 表达式理解为一段可以传递的代码。使用它可以写出更简洁、更灵活的代码。作为一种更紧凑的代码风格,使 Python 的语言表达能力得到了提升。lambda 表达式格式如下。

```
name = lambda [list] : 表达式
```

其中,定义 lambda 表达式,必须使用 lambda 关键字;[list] 作为可选参数,等同于定义函数所指定的参数列表,例如。

```
>>> add = lambda x, y: x + y
>>> print(add(3, 5))
8
```

2.5 Python 的基本输入输出函数

2.5.1 input() 函数

Python 提供了 input() 函数用于获取用户键盘输入的字符。input() 函数让程序暂停运行,等待用户输入数据,当获取用户输入后,Python 将其以字符串的形式存储在一个变量中,方便后面使用。

【例 2-8】使用 input() 函数实现输入。

```
>>> password = input("请输入密码:")         #输入数据赋给变量password
请输入密码:123456
>>> print('您刚刚输入的密码是:', password)   #输出数据
您刚刚输入的密码是:123456
```

【例 2-9】求两数之和。编写程序,要求输入两个整数,求两数之和后输出。

(1)可使用 int() 函数将输入的字符串转换为整数。

(2)可使用 float() 函数将字符串转换为浮点数。

```
>>> a = input("请输入第一个整数:")     #输入变量a的值
请输入第一个整数:10
>>> b = input("请输入第二个整数:")     #输入变量b的值
请输入第二个整数:20
>>> a = int(a)                          #将变量a转换为整数
>>> b = int(b)                          #将变量b转换为整数
>>> c = a + b                           #两数相加,结果赋值给c
>>> print("两数之和为:", c)             #输出c的值
两数之和为:30
```

2.5.2 eval() 函数

语法:eval(expression)。

参数说明：expression 可为字符串表达式，也可为 input() 函数等。表达式必须是字符串，否则会报错。

【例 2-10】接收一个字符串表达式，运行并返回表达式的结果。

```
>>> eval('2+3')                  #使用 jupyter 运行可直接输出结果
5
>>> print(eval('2+3'))           #使用 PyCharm 时，若需要直接输出结果，可以用 print() 函数
5
>>> x = eval(input('请输入数字：'))
请输入数字：10
>>> y = x + 234
>>> print(y)
244
```

2.5.3　print() 函数

在 Python 中，使用 print() 函数进行输出。输出字符串时可用单引号（''）或双引号（""）括起来；输出变量时，可不加引号；变量与字符串同时输出或多个变量同时输出时，需用逗号（,）隔开。

print() 函数默认输出是换行的，如果要实现不换行则需要在变量末尾加上 end=" "。

【例 2-11】使用 print() 函数输出数据程序示例。

```
>>> print("这是一个输出示例")        #print() 函数使用双引号输出示例
这是一个输出示例
>>> url = 'www.xxx.com'             #创建变量 url，赋值为 www.xxx.com
>>> print('网址是 ', url)           #print() 函数使用单引号输出变量 url
网址是 www.xxx.com
```

常用 print 格式化输出控制符号如表 2-9 所示。

表 2-9　常用格式化符号

格式化符号	说　　明
%c	以字符形式输出，输出 1 个字符
%s	以字符串形式输出
%d	以带符号的十进制形式输出整数
%f	以小数形式输出实数，默认输出 6 位小数
%%	输出 %

1. %s 字符串输出

使用 print() 函数，格式化输出字符串。其中，%s 表示后面要替换的是一个字符串类型的变量，在变量与占位符之间需要加一个 %。

```
>>> name = "李明"
>>> print("我的名字叫 %s" % name)
我的名字叫李明
```

2. %c 输出 1 个字符

```
>>> name = "A"
```

```
>>> print("我的名字叫%s" % name)
我的名字叫 A
```

此时，如果 name 中多于 1 个字符，则将会报错。

3. %d 十进制形式输出整数

```
>>> age = 30
>>>print("我今年%d岁" % age)
我今年 30 岁
```

4. %f 输出实数

① %f 以小数形式输出实数，默认输出 6 位小数

```
>>> pi = 3.1415926
>>> print('圆周率为:%f' % pi)          #小数点后第 7 位四舍五入到第 6 位。
圆周率为: 3.141593
```

② %.nf 的形式，指定输出的小数为 n 位。

```
>>> print('圆周率为:%.0f' % pi)         #输出小数点后 0 位
圆周率为: 3
>>> print('圆周率为:%.2f' % pi)         #输出小数点后 2 位
圆周率为: 3.14
>>> print('圆周率为:%.3f' % pi)         #输出小数点后 3 位
圆周率为: 3.142
>>> print('圆周率为:%.8f' % pi)         #输出小数点后 8 位，不足位用 0 补足
圆周率为: 3.14159260
```

5. 输出 %

在字符串格式化中 % 用来表示格式化字符串的开始。如果需要在字符串中表示一个实际的百分比符号，可以使用 %% 来转义。

```
>>> print("50%% of 100 is 50")
50% of 100 is 50
```

2.6 注释

注释是使用自己熟悉的语言，在程序中对某些代码进行的标注说明，可以增强程序的可读性。

1. 单行注释（行注释）

Python 中的单行注释以 # 开头，示例代码如下。

```
# 第一个注释
print("Hello, Python!")              #第二个注释
print('hello')                       #这是一个单行注释
```

以 # 开头，# 右边所有内容都被当作说明文字，而不是真正要执行的程序，只起到辅助说明

作用。

但需要注意，为了保证代码的可读性，注释和代码之间至少要有两个空格。

2. 多行注释（块注释）

如果希望编写的注释信息很多，一行无法显示，就要在 Python 程序中使用多行注释。多行注释可以使用三引号作为开头和结束符号，三引号可以是三个单引号或三个双引号。

【例 2-12】示例代码，多行注释。

在代码中，三引号包括的部分即多行注释。

```
#-*- coding: utf-8 -*-
"""
Created on Thu Apr 27 14:28:25 2023
第一个 Python 程序
@author: lenovo
"""
print(' 你好 ')
```

运行结果如下。

```
你好
```

2.7 本章小结

本章介绍了 Python 的基本语法，包括 Python 程序的格式，Python 程序由变量、表达式按照规定的语法格式构成；行与缩进，Python 的程序块是采用缩进方式进行标识的；Python 的基本数据类型，包括整数、浮点数、布尔类型等基本数据类型；Python 的运算符和表达式，包括算术运算符、比较运算符、逻辑运算符、身份运算符等；基本输入输出函数，包括 input()、eval()、print() 三个输入输出函数的基本使用方法；注释，用于对程序进行解释和说明。

在线测试

习题

一、选择题

1. 假定有两个变量 x 和 y，它们的值分别为 20 和 30，则以下语句中合法的是（　　）。

   A. print ('x is %10d,y is %6d'% (x,y))

   B. print ('x is %10d,y is %6d',% (x,y))

   C. print ('x is %10d,y is %6d',x,y)

   D. print ('x is %10d,y is %6d',%x,%y)

2. 以下正确的赋值语句是（　　）。

   A. x+y=30　　　　　B. x,y,z=1,2,3　　　　　C. 10=y=x　　　　　D. 3y=x

3. 在以下注释语句中，不正确的是（　　）。

   A. #Python 注释　　B. '''Python 注释'''　　C. """Python 注释"""　　D. //Python 注释

4. 数学关系式 3<x<10 表示成 Python 表达式，以下表达式错误的是（　　）。
   A. 3<=x<10　　　　B. 3<=x and x<10　　C. 10>x>=3　　　　D. 3<=x or x<10

二、编程题

1. 输入学生数学、语文、英语各门课程的成绩，计算总成绩和平均成绩。

2. 计算一个输入数的平方根，如果为负数，显示"负数不能开平方根"，并在程序中使用注释语句。

3. 显示整数的格式化输出。

```
m = 12
print("[%d]" %m)
print("[%4d]" %m)
print("[%-4d]" %m)
print("[%04d]" %m)
print("[%-04d]" %m)
m = 12345
print("[%d]" %m)
print("[%4d]" %m)
print("[%-4d]" %m)
print("[%04d]" %m)
print("[%-04d]"  %m)
```

4. 将下列数学表达式写成 Python 表达式。

```
(a) |x+y|+z⁵
(b) (1+xy)⁶
(c) (10x+3y)/xy
(d) ln10+e¹⁰
```

5. 将任意一个两位数 x 的个位数与十位数对换。例如，两位数为 78，则表达式的值应为 87。

6. 用 Python 表示 10<x<20 的关系表达式。

第 3 章

程序控制与循环

CHAPTER 3

本章要点
- 程序执行流程概述
- if 判断语句
- while 与 for 循环语句
- 循环的中断 break 语句和 continue 语句
- 遍历循环
- 迭代器与生成器

在计算机程序设计中，任何简单或复杂的算法都可以由顺序、选择控制和循环这三种基本结构组合而成。三种结构都很简单，这也说明，任何复杂的程序，都可以由此而来。

程序的顺序结构是指程序中各个操作按照在源代码中的排列顺序，自上而下，依次执行。选择控制结构是根据某个特定的条件判断后，选择其中的一支执行。循环结构是指程序需要反复执行某个或某些操作，直到条件为假或为真时才停止循环。本章主要介绍 Python 语言的选择控制和循环的语法。

3.1 程序设计流程概述

程序设计是给出解决特定问题程序的过程，是软件构造活动中的重要组成部分。程序设计过程应包括分析、设计、编码、测试、排错等不同阶段。算法、流程图和程序控制结构是构成一个程序的主要部分。

3.1.1 算法

算法是解决某个问题的计算方法、步骤，是一系列解决问题的清晰指令，算法代表着用系统的方法描述解决问题的策略机制。也就是说，能够对一定规范的输入，在有限时间内获得所要求的输出。如果一个算法有缺陷，或不适合某个问题，执行这个算法将不会解决这个问题。不同的算法可能用不同的时间、空间或效率来完成同样的任务。一个算法的优劣可以用空间复杂度与时间复杂度来衡量。

一个算法必须满足以下 5 个重要特性。

（1）有穷性。一个算法必须总是在执行有穷步后结束，且每一步都必须在有穷时间内完成。

（2）确定性。对于每种情况所应执行的操作，在算法中都有确切的规定，不会产生二义性，以便使算法的执行者和阅读者都能明确其含义及如何执行。

（3）可行性。算法中的所有操作都可以通过已经实现的基本操作运算执行有限次实现。

（4）输入。一个算法有零个或多个输入。当用函数描述算法时，输入往往是通过形参表示的，在它们被调用时，从主调函数获得输入值。

（5）输出。一个算法有一个或多个输出，它们是算法进行信息加工后得到的结果，无输出的算法没有任何意义。当用函数描述算法时，输出多用返回值或引用类型的形参表示。

3.1.2 程序流程图

程序流程图是用规定的符号描述一个专用程序中所需的各项操作或判断的图示。这种流程图着重说明程序的逻辑性与处理顺序，具体描述了解题的逻辑及步骤。程序流程图用图的形式画出程序流向，是算法的一种图形化表示方法，具有直观、清晰、更易理解的特点。

程序流程图由起止框、输入输出框、执行框、判断框、流程线等构成，并结合相应的算法，构成整个程序流程图。

程序流程图的主要构件如图 3-1 所示。起止框表示程序的开始或结束；输入输出框表示数据的输入或输出;执行框具有处理功能;判断框(菱形框)具有条件判断功能,有一个入口、两个出口;流程线表示程序执行的流程路径和方向;连接点可将流程线连接起来。

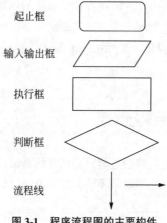

图 3-1　程序流程图的主要构件

3.1.3　三种控制结构

1. 顺序结构

程序的顺序结构是一行代码接着一行代码写,最终完成一个程序,顺序结构是简单的线性结构,各框按顺序执行。程序的顺序结构流程图如图 3-2 所示。

2. 选择结构

选择结构是对某个给定条件进行判断,条件为真或假时分别执行不同的框的内容。其基本形状有两种。一种是双分支选择结构,如图 3-3(a)所示,当条件为真时,程序执行语句块 1,当条件为假时,执行语句块 2;另一种结构为单分支选择结构,如图 3-3(b)所示,当条件为真时,执行语句,当条件为假时,不执行语句。

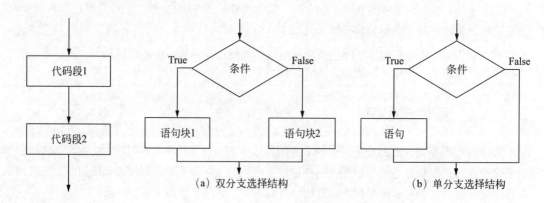

图 3-2　程序的顺序结构流程图　　　　图 3-3　选择结构的基本形状

3. 循环结构

循环结构有两种基本形态：while 型循环和 do-while 型循环。while 型循环执行序列为：当条件为真时，反复执行循环体语句，一旦条件为假，跳出循环，执行循环后面的语句，如图 3-4（a）所示。do-while 型循环执行序列为：首先执行循环体语句，再判断条件，条件为真时，一直循环执行，一旦条件为假，结束循环，执行循环后面的语句，如图 3-4（b）所示。在这种结构中，循环体语句至少要执行一次。

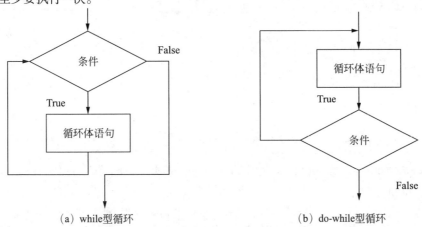

图 3-4 循环结构的基本形状

3.2 if 判断语句

if 语句是 Python 中用来判断所给条件是否满足的语句，根据判断的结果（真或假）决定执行给出的两种操作之一。

在 Python 中，if 语句主要包括以下 4 种：if 单向选择结构（if...）、if 双向选择结构（if...else）、if 多向选择结构（if...elif...else）及 if 语句的嵌套。

1. if 单向选择结构

if 单向选择结构属于图 3-3（b）所示的单分支选择结构，其语法格式如下。

```
if 条件:
    代码块
```

这里的"条件"一般是一个比较表达式，如果该表达式返回的值为 True，则会执行冒号下面缩进的代码块；如果该表达式返回的值为 False，则会直接跳过冒号下面缩进的代码块，然后按照顺序执行后面的程序。

【例 3-1】if 语句的单向选择结构程序示例。

```
score = 100
if score > 60:
    print("你很棒")
```

```
print("欢迎来到 Python 世界")
```

运行结果如下。

```
你很棒
欢迎来到 Python 世界
```

由于变量 score 的值为 100，score>60 返回 True，因此会执行冒号下面缩进的代码块。

【例 3-2】修改例 3-1 的程序，改变判断条件。

```
score = 100
if score < 60:
    print("你很棒")
print("欢迎来到 Python 世界")
```

运行结果如下。

```
欢迎来到 Python 世界
```

由于 score<60，返回的值为 False，因此 Python 会跳过冒号下面缩进的代码块，然后直接执行最后一个 print()。

需要特别注意的是，在例 3-1 和例 3-2 中，print（"你很棒"）属于 if 语句，而 print（"欢迎来到 Python 世界"）则不属于。

【例 3-3】采用布尔类型作为判断条件的 if 单向选择结构程序示例。

```
if True == 1:
    print("True 等价于 1")
if False == 0:
    print("False 等价于 0")
```

运行结果如下。

```
True 等价于 1
False 等价于 0
```

从例 3-3 可以看出，True 和 1 是等价的，False 和 0 是等价的。布尔值本质上属于数字类型。

2. if...else 双向选择结构

if...else 双向选择结构包含两个分支，其程序语法格式如下。

```
if 条件:
    代码块 1
else:
    代码块 2
```

if...else 双向选择结构相对于 if 单向选择结构来说仅多了一个选择，当条件表达式返回的值为 True 时，会执行 if 后面的代码块；当条件表达式返回的值为 False 时，会执行 else 后面的代码块。

【例 3-4】if...else 双向选择结构程序示例。

```
score = 100
if score < 60:
```

```
    print(" 补考！")
else:
    print(" 通过！")
```

运行结果如下。

```
通过！
```

由于变量 score 的值为 100，而 score<60 返回的值为 False，因此会执行 else 后面的代码块。

3. if…elif…else 多向选择结构

if…elif…else 多向选择结构就是在双向选择结构的基础上增加了一个或多个选择分支。elif 是指 else if，表示带有条件的 else 语句，其语法格式如下。

```
if 条件1:
    当条件1为True时执行的代码块
elif 条件2:
    当条件2为True时执行的代码块
else:
    当条件1和条件2都为False时执行的代码块
```

【例 3-5】采用 if…elif…else 多向选择结构的程序示例。

```
time = 21
if time < 12:
    print(" 早上好！ ")
elif time >= 12 and time < 18:
    print(" 下午好！ ")
else:
    print(" 晚上好！ ")
```

运行结果如下。

```
晚上好！
```

对于 if…elif…else 多向选择结构，程序会从第 1 个 if 语句开始判断，如果第 1 个 if 语句的条件不满足，则判断第 2 个 if 语句的条件，直到满足为止。一旦满足，就会执行该条件对应的语句并退出整个选择结构。

4. if 语句的嵌套

在 Python 中，if 语句是可以嵌套使用的，其语法格式如下。

```
if 条件1:
    if 条件2:
        当条件1 和条件 2 都为 True 时执行的代码块
    else:
        当条件1 为 True、条件 2 为 False 时执行的代码块
else:
    if 条件3:
        当条件1 为 False、条件 3 为 True 时执行的代码块
    else:
        当条件1 和条件3 都为 False 时执行的代码块
```

if 语句的嵌套很好理解,就是在 if 或 else 语句内部再增加一层判断条件,只需要从外到内根据条件一层一层地进行判断即可。可以根据缩进的来判断某个代码块属于哪个 if 语句或 else 语句。

【例 3-6】if 语句的嵌套程序示例。

```
gendar = "女"
height = 172
if gender == "男":
    if height > 170:
        print("高个子男生")
    else:
        print("矮个子男生")
else:
    if height > 170:
        print("高个子女生")
    else:
        print("矮个子女生")
```

运行结果如下。

高个子女生

在例 3-6 中,外层 if 语句的判断条件 gender=="男"返回的值为 False,因此会执行 else 语句。可以看到 else 语句内部还有一个 if 语句,这个内层 if 语句的判断条件 height>170 返回的值为 True,因此最终输出的内容为"高个子女生"。

【例 3-7】if 语句的嵌套程序示例,判断某个数的范围。

```
x = 4 y = 8
if x < 5:
    if y < 5:
        print("x 小于 5,y 小于 5")
    else:
        print("x 小于 5,y 大于 5")
else:
    if y < 5:
        print("x 大于 5,y 小于 5")
    else:
        print("x 大于 5,y 大于 5")
```

运行结果如下。

x 小于 5,y 大于 5

对于 if 语句,有以下 3 点需要说明。
(1) Python 使用的是 elif,而不是 else if。
(2) Python 中 if 的后面不需要加括号。
(3) Python 只有 if 语句,没有 switch 语句,这一点和其他编程语言不同。

3.3 while 循环语句

用 while 循环语句可以解决程序中需要重复执行的操作。while 语句用于循环执行程序,即在某条件下,循环执行某段程序,以处理需要重复执行的相同任务。

1. while 基本循环

条件满足就开始循环,条件无法满足就跳出循环。在 while 循环中,先进行条件判断,条件为真则运行循环体语句,条件为假则退出循环。

【例 3-8】采用 while 循环计算 1 到 100 所有的数字之和的程序示例。

```
num = 0                    #定义变量名称 num 并且给它赋值为 0
sum = 0
while num < 100 :          #设置循环条件是 num 的值小于 100
    num = num + 1          #num 的值加 1
    sum += num
print(sum)                 #显示 sum 值
```

运行结果如下。

```
5050
```

需要注意的是,在 Python 中没有 do-while 循环。do-while 循环是先运行语句,再进行条件判断,但是可以模拟 do-while 循环。

【例 3-9】采用模拟 do-while 循环计算 1 到 100 所有的数字之和程序示例。

```
num = 0                    #定义变量名称 num 并且给它赋值为 0
sum = 0
while True:
    num = num + 1          #num 的值加 1
    sum += num
    if num >= 100 :        #设置循环条件,当 num 大于 100 时,结束循环
        break
print(sum)                 #显示 sum 值
```

运行结果如下。

```
5050
```

在例 3-9 中,while 后面的值为 True,无限循环,这样保证至少执行一次循环语句。在循环体中,将 if num >= 100 作为结束循环的条件,当条件不满足时,继续循环,当满足该条件时,退出循环。

在模拟 do-while 循环中,需要有改变循环条件的语句,如果条件判断语句永远为 True,则循环将会无限地执行。

2. 在循环中使用 else 语句

Python 支持与循环语句相关联的 else 语句。如果 else 语句与 for 循环一起使用,则在循环遍历列表时循环执行 else 语句。如果 else 语句与 while 循环一起使用,则在条件为假时执行 else 语句。

【例 3-10】else 语句与 while 语句的组合程序示例,程序在变量 count 小于 5 时打印数字,在

count 大于 5 时执行 else 语句。

```
#!/usr/bin/Python3

count = 0
while count < 5:
    print(count, " is  less than 5")
    count = count + 1
else:
    print(count, " is not less than 5")
```

运行结果如下。

```
0 is less than 5
1 is less than 5
2 is less than 5
3 is less than 5
4 is less than 5
5 is not less than 5
```

3.4 for 循环语句

for 循环是 Python 的第二种循环机制（第一种是 while 循环），只要 for 循环能做的事情，while 循环都可以做。之所以要有 for 循环，是因为 for 循环的循环取值（遍历取值）比 while 循环更简洁。

for 循环通常用来遍历可迭代的对象，如一个列表或一个字典，其一般格式如下。

```
for <variable> in <sequence>:
    <statements>
```

【例 3-11】用 for 循环遍历一个列表，求列表元素的累加和程序示例。

```
sum = 0
for x in [1, 2, 3, 4, 5, 6, 7, 8, 9, 10]:
    sum = sum + x
print(sum)
```

运行结果如下。

```
55
```

for 循环（与 while 循环一样）也可以有 else 子语句。正常结束循环时，else 子语句执行。提前结束循环时，则不执行。

【例 3-12】循环的实现方式应用程序示例。

```
#for 循环版
l = ['a', 'b', 'c']    #定义一个列表
for x in l:
    print(x)

#while 循环的实现方式
```

```
l = ["a","b","c"]
i = 0
while i < 3:
    print(l[i])
    i += 1
```

for 循环和 while 循环都可以对列表进行遍历，例 3-12 中，采用 for 循环更简洁。

【例 3-13】用 for 循环遍历字典应用程序示例。

```
# for 循环的实现方式
dic = {'name':'lsj','age':18,'gender':'male'}
for k in dic:                #for 循环默认取的值是字典的 key 并将其赋值给变量 k
    print(k,dic[k])
```

运行结果如下。

```
name lsj
age 18
gender male
```

3.5 循环的中断

有时需要在循环中途退出循环，或者跳过当前循环开始下一次循环，要实现这种功能需要使用 break 语句和 continue 语句。

3.5.1 break 语句

break 语句可以提前结束循环，执行循环之后的语句。它的标准使用格式只有一个关键字 break。需要注意，break 语句必须出现在 for 循环或 while 循环语句体中。

通常情况下，程序需要把所有的元素循环一遍才能退出循环，如果想在循环过程中退出循环，可以使用 break 语句，其效果是直接结束并退出当前循环，剩下未循环的工作全部被忽略和取消。注意"当前"两个字，Python 的 break 语句只能退出一层循环，对于多层嵌套循环，则不能全部退出。

【例 3-14】用 break 语句退出 for 循环程序示例。

```
for letter in 'Hello world':
    if letter == 'd':
        break
    print('当前字母为 :', letter)
```

运行结果如下：

```
当前字母为 : H
当前字母为 : e
当前字母为 : l
当前字母为 : l
当前字母为 : o
当前字母为 :
当前字母为 : w
当前字母为 : o
```

```
当前字母为 : r
当前字母为 : l
```

当 letter 中的字符为 d 时,程序执行 break 语句,退出当前循环。

【例 3-15】 用 break 语句退出 while 循环程序示例。

```
var = 10
while var > 0:
    print('当前变量值为 :', var)
    var -= 1
    if var == 5:
        break
```

运行结果如下。

```
当前变量值为 : 10
当前变量值为 : 9
当前变量值为 : 8
当前变量值为 : 7
当前变量值为 : 6
```

当 var 的值等于 5 时,程序执行 break 语句,退出循环。

3.5.2 continue 语句

continue 语句和 break 语句的用法是相同的,也可以用于 for 语句和 while 语句,两者出现的位置也是相同的,区别在于 break 用于结束循环,而 continue 用于跳出当前循环,执行下一次循环。即使用 continue 不会退出和终止循环,只是提前结束当前轮次的循环。continue 语句只能用在循环内。

【例 3-16】 用 continue 语句输出 Hello world 中不含 o 的字符程序示例。

```
for letter in 'Hello world':      #使用 for 循环遍历
    if letter == 'o':             #字母为 o 时跳过输出
        continue
    print('当前字母为 :', letter)
```

运行结果如下。

```
当前字母为 : H
当前字母为 : e
当前字母为 : l
当前字母为 : l
当前字母为 :
当前字母为 : w
当前字母为 : r
当前字母为 : l
当前字母为 : d
```

当 letter 中的字符为 o 时,continue 语句后面的程序不再执行,结束本次循环,程序继续执行下一次循环。

【例 3-17】 while 循环中使用 continue 语句的程序示例。

```
var = 10
while var > 0:
    var -= 1
    if var == 5:              #变量为 5 时跳过输出
        continue
    print(' 当前变量值为 :', var)
```

运行结果如下。

```
当前变量值为 : 9
当前变量值为 : 8
当前变量值为 : 7
当前变量值为 : 6
当前变量值为 : 4
当前变量值为 : 3
当前变量值为 : 2
当前变量值为 : 1
当前变量值为 : 0
```

当 var 中的值为 5 时，执行 continue 语句，结束本次循环，程序继续下一次循环。也就是说，当变量为 5 时，没有输出。

3.6 遍历循环

3.6.1 内置函数 range()

range() 函数的语法格式如下。

```
range([start,] end [,step])
```

其中，start 参数：可选，表示起始数字，默认为 0。

end 参数：必选，表示结尾数字。

step 参数：可选，表示步长，默认为 1。

range() 函数返回的是一个 range 对象，而不是列表。

例如，range(10)，其序列为 [0, 1, 2, 3, 4, 5, 6, 7, 8, 9]，从 0 开始有头无尾；range(1, 10, 1)，其序列为 [1, 2, 3, 4, 5, 6, 7, 8, 9] 从设定的 1 开始，到 9 结束，步长为 1；range(1, 10, 2)，其序列为 [1, 3, 5, 7, 9]，从设定的 1 开始，到 10 结束，步长为 2。

【例 3-18】for 语句搭配 range() 函数控制循环次数程序示例。

```
l = ['a', 'b', 'c']
# 按照索引取值
for i in range(len(l)):          #len(l) 为列表长度
    print(i, l[i])
for x in l:
    print(x)
```

运行结果如下。

```
0 a
1 b
2 c
a
b
c
```

range() 函数可以通过 list() 方法将其转换成列表对象。三种实际的写法如下。

（1）从 3 开始不包括 15，步长为 2。

```
>>> lst = list(range(3,15,2))
>>> print(lst)
[3, 5, 7, 9, 11, 13]
```

（2）从 15 开始，到 4 结束，注意步长是负数，负数的步长表示的是逆序输出，步长是 1。

```
>>> lst2 = list(range(15,3,-1))
>>> print(lst2)
[15, 14, 13, 12, 11, 10, 9, 8, 7, 6, 5, 4]
```

（3）从 3 开始，到 −9 结束，注意步长也是负数，负数的步长表示的还是逆序输出，步长为 1。

```
>>> lst3 = list(range(3,-10,-1))
>>> print(lst3)
[3, 2, 1, 0, -1, -2, -3, -4, -5, -6, -7, -8, -9]
```

3.6.2 循环嵌套

在 Python 中，while 循环和 for 循环结构也支持嵌套。例如，for 循环中还有 for 循环，while 循环中还有 while 循环，甚至 while 循环中有 for 循环或者 for 循环中有 while 循环也都是允许的。

当两个或多个循环结构相互嵌套时，位于外层的循环结构常简称外层循环或外循环，位于内层的循环结构常简称内层循环或内循环。运行循环嵌套结构的代码，Python 解释器执行的流程如下。

（1）当外层循环条件为真时，执行外层循环结构中的循环体。外层循环体中包含了普通程序和内循环。

（2）当内层循环条件为真时，会执行内层循环结构中的循环体，直到内层循环条件为假，跳出内循环。

（3）如果此时外层循环的条件仍为真，则返回第（2）步，继续执行外层循环体，直到外层循环的循环条件为假。

（4）当内层循环条件为假，且外层循环条件也为假时，整个嵌套循环才算执行完毕。

【例 3-19】while-for 语句嵌套循环结构程序示例。

```
i = 0
while i < 10:
    for j in range(10):
        print("i = ",i," j = ",j)
    i = i + 1
```

由于例 3-19 中程序输出结果篇幅太长，读者可自行复制代码并执行，观察其执行结果。可以看到，此程序中运用了嵌套循环结构，其中外循环使用的是 while 语句，而内循环使用的是 for 语句。程序执行的流程如下。

（1）开始时 i = 0，循环条件 i < 10 成立，进入 while 外循环执行其外层循环体。

（2）从 j = 0 开始，由于 j < 10 成立，因此进入 for 内循环执行内层循环体，直到 j=10 不满足循环条件，跳出 for 循环体，继续执行 while 外循环的循环体。

（3）执行 i = i + 1 语句，如果 i < 10 依旧成立，则从第（2）步继续执行，直到 i < 10 不成立，此循环嵌套结构才执行完毕。

根据上面的分析，此程序中外层循环将循环 10 次（从 i = 0 到 i = 9），而每次执行外层循环时，内层循环都从 j = 0 循环执行到 j = 9。因此，该嵌套循环结构将执行 10 × 10 = 100 次。嵌套循环结构执行的总次数 = 外循环执行次数 × 内循环执行次数。

【例 3-20】嵌套 for 循环结合 else 子语句判断质数的程序示例。

```
for n in range(2, 100):
    for x in range(2, n):
        if n % x == 0:
            print(n, '等于', x, '*', n//x)
            break
    else:
        #循环中没有找到元素
        print(n, ' 是质数')
```

例 3-20 所示程序用两层循环，判断一个数是否是质数。外循环从 2 到 99，内循环从 2 到外循环的次数。在内循环中用 if 语句判断该数是否为质数。

【例 3-21】for 循环嵌套打印图形程序示例。

```
'''
请用 for 循环嵌套的方式打印如下图形：
*****
*****
*****
'''
for i in range(3):
    for j in range(5):
        print("*",end = '')
    print()   #print() 表示换行
```

需要指明的是，例 3-21 中程序演示的仅是 2 层嵌套结构，其实 if、while、for 之间完全支持多层（≥ 3）嵌套。但是建议不要嵌套 3 层以上，那样效率会很低。

3.6.3 pass 语句

在 Python 中，pass 是一个空语句，是为了保持程序结构的完整性。一般情况下，pass 不实现具体功能，被用作占位符。它的作用如下。

（1）空语句，不做任何操作。

（2）保证格式完整。

（3）保证语义完整。

如果写了一个循环或函数，尚未实现（暂未想好如何实现或者交付给其他人），但是会在将来的某个时候实现。这时，如果循环体或函数体为空，解释器就会报错。此时，可以将 pass 语句作为占位符，而不实现具体功能。

【例 3-22】pass 语句的使用程序示例。

```
def func():
    pass                #函数中的pass空语句,不做任何操作
func()

class fbc:
    pass                #类中的pass空语句,定义一个空的类
fbc()

num = 5
for i in range(num):
    pass                #循环体中的pass空语句
```

3.7 迭代器与生成器

3.7.1 迭代器

迭代是 Python 中访问集合元素的一种方式。迭代器（iterator）是一个可以记住遍历位置的对象，不必像列表那样一次性全部生成，而是可以等到使用时才生成，因此节省大量的内存资源。迭代器对象从集合中的第一个元素开始访问，直到所有的元素被访问完结束。迭代器有两个函数：iter() 和 next()。

iter() 函数功能：生成一个迭代器对象。

iter() 语法格式：iter（iterable）。

iter（iterable）从可迭代对象中返回一个迭代器，iterable 必须是能提供一个迭代器的对象，如列表、字典、元组及集合类型等。如：iter（[1, 2, 3]）。

next() 函数功能：返回迭代器中的数据。

next() 函数语法格式：next（iterable）。

next（iterator）从迭代器中获取下一条记录，如果无法获取下一条记录，则触发 StopIteration 异常。

【例 3-23】迭代器使用程序示例。

```
>>> iter_obj = iter([1,2,3])
>>> next(iter_obj)
1
>>> next(iter_obj)
2
>>> next(iter_obj)
3
```

【例 3-24】迭代器对象使用触发异常程序示例。

```
# coding:utf-8

test_list = [1, 3, 5, 7]
test_iter = iter(test_list)        #让 test_list 提供一个能访问自己的迭代器
print(next(test_iter))             #1 从迭代器中取值,让迭代器去获取 test_iter 中的一个元素
print(next(test_iter))             #3
print(next(test_iter))             #5
print(next(test_iter))             #7
print(next(test_iter))             #StopIteration 异常
```

运行结果如下。

```
1
3
5
7
Traceback (most recent call last):
    File "E:/python/ch3.24.py", line 9, in <module>
        print(next(test_iter))          #StopIteration 异常
StopIteration
```

3.7.2 生成器

包含 yield 语句的函数称为生成器（generator），生成器也是一种迭代器，在每次迭代时返回一个值。生成器对象是 Python 用来实现生成器的对象，通过迭代产生值的函数创建，而不必显式调用生成器，创建后像函数一样使用。生成器和普通函数的区别在于生成器不是使用 return 返回一个值，而是可以生成多个值，每次迭代时使用 yield 生成一个值。每次生成一个值后，函数都将停止执行并记录当前位置，等待下一次迭代时被重新唤醒。重新唤醒后将从所记录位置开始继续执行。这样可以节省内存。例 3-25 的程序创建了一个将嵌套列表展开的生成器函数。

【例 3-25】生成器应用程序示例。

```
#nested = [[1,2],[3,4],[5]]
def flatten(nested):
    for sublist in nested:
        for element in sublist:
            yield element
Nested = [[1,2],[3,4],[5]]
for num in flatten(nested):
    print(num)
```

运行结果如下。

```
1
2
3
4
5
```

最后两行代码可替换为

```
print(list(flatten(nested)))
```

替换后的运行结果如下。

```
[1, 2, 3, 4, 5]
```

例 3-25 中的程序首先迭代嵌套列表中的所有子列表，然后按顺序迭代每个子列表的元素。

3.8 本章小结

本章介绍了 Python 中的程序控制和循环，if 语句实现程序的条件判断，依据返回值为 True 或 False 执行程序的不同部分；for 循环和 while 循环解决程序需要重复执行的操作，循环可以嵌套，但太多会使效率变低，逻辑上也不好理解，通常嵌套层数不应大于 3 层；循环中使用 break 语句中断循环，程序退出循环，使用 continue 语句终止本次循环进行下一次循环，循环继续；pass 语句为空语句，保证程序的语法正确；生成器是特殊的迭代器，用于一次生成一个输出数据，当有大量的数据产生时，可以不用一次性将全部数据输入内存中。

在线测试

习题

编程题（按照题目要求，编写程序代码）

1. 鸡兔同笼，从上面看有 35 个头，从下面看有 94 只脚，请问鸡有几只，兔有几只？
2. 输入三边的长度，求三角形的面积和周长。
3. 输入一个整数，判断其是否为质数。
4. 从键盘输入 3 个整数，求出其中的最小值并输出。
5. 编程实现输出 10~50 中 3 的倍数，并规定一行输出 5 个数。
6. 某高校举办英语口语比赛，20 个评委对参赛选手打分（打分范围是 1~10 的整型数据），计算总分时，需要去掉一个最高分，去掉一个最低分，然后输出选手的平均得分，请编写程序实现这一功能。
7. 从键盘上输入一个数 num，判断该数 num 是否为回文数（回文数是正序和倒序读都一样的整数）。
8. 编写程序模拟用户登录程序的过程。
  （1）输入用户名和密码；
  （2）判断用户名和密码是否正确（name='root', passwd='123';）；
  （3）仅三次机会，如果超过三次机会，会有报错提示。
9. 判断正整数 n 是否为素数，若是则输出：** 是素数，若不是则输出：** 不是素数。
10. 利用 for 循环计算输出 $1 + 2 + 3 + \cdots + n$ 的和。
11. 利用 for 循环，分别输出 1~n 的所有奇数的和、偶数的和。
12. 利用 for 循环求 n! 的值。
13. 对于给定的自然数 $n(n < 20)$，在屏幕上输出仅由 "*" 构成的 n 行的直角三角形。例如，当 n=5 时，输出如下内容。

```
*
**
***
****
*****
```

14. 小明是一位精明的投资者。他购买了 10 万元一年期收益率 3.7% 的银行保证收益型理财产品。每年理财赎回后,他会提取 2 万元用作生活所需,余下的仍购买此种理财产品,在收益率不变的情况下,多少年后这 10 万元被全部取出?

第4章 列表与元组

CHAPTER 4

本章要点
- 序列概述
- 序列的特性
- 列表
- 元组

4.1 序列概述

序列是指在一块连续内存空间中，按次序排列而形成的值的集合体，可通过每个值所在位置的编号（索引）对序列进行访问。在 Python 中，序列又分为有序序列、无序序列、可变序列和不可变序列，如图 4-1 所示。有序序列类型包括字符串、列表、元组、range、zip 等。无序序列包括集合和字典。可变序列包括列表、字典、集合。不可变序列包括元组、字符串，range、zip 等。列表、元组、字符串这些有序序列支持索引、切片、序列相加等几种通用的操作。但集合和字典不支持索引、切片、相加和相乘操作。

range 对象在 Python 中用来表示一定范围内整数的序列，它是有序的，并且可以迭代。zip 函数用于将多个可迭代对象（如列表、元组等）的元素打包成一个个元组，然后返回这些元组组成的序列。如果输入的可迭代对象是有序的，那么 zip 创建的序列也是有序的。因此，range 和 zip 在 Python 中通常被认为是有序的。

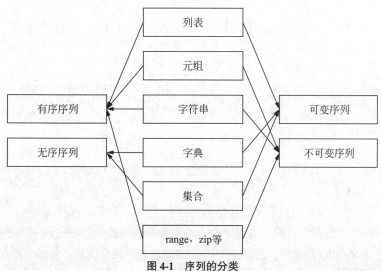

图 4-1　序列的分类

4.1.1 索引

在序列中，每个元素都有属于自己的编号，称为序列索引。从起始元素开始，索引值从 0 开始递增，如图 4-2 所示。

元素 1	元素 2	元素 3	元素 4	…	元素 n	
0	1	2	3	…	$n-1$	←索引（下标）

图 4-2　序列索引

除此之外，Python 还支持索引值是负数的索引，此类索引是从右向左计数，即从最后一个元素开始计数，索引值从 −1 开始，如图 4-3 所示。

元素 1	元素 2	元素 3	…	元素 $n-1$	元素 n	
$-n$	$-(n-1)$	$-(n-2)$	…	-2	-1	←索引（下标）

图 4-3　负值索引

需要注意，在使用负值作为序列中各元素的索引值时，索引值是从 –1 开始，而不是从 0 开始。无论是采用正索引值，还是负索引值，都可以访问序列中的任何元素。以字符串为例，访问"Python 程序设计"的首元素和尾元素，可以使用如下的代码。

【例 4-1】序列的索引程序示例。

```
str = "Python 程序设计"
print(str[0]," == ",str[-10])
print(str[5]," == ",str[-1])
```

运行结果如下。

```
P == P
n == 计
```

4.1.2 切片

序列的切片操作是访问序列中元素的另一种方法，它可以访问一定范围内的元素，通过切片操作，可以生成一个新的序列。

序列实现切片操作的语法格式如下。

```
sname[start : end : step]
```

其中，各个参数的含义如下。

sname：表示序列的名称。

start：表示切片的开始索引位置（包括该位置），此参数也可以不指定，默认为 0，也就是从序列的开头进行切片。

end：表示切片的结束索引位置（不包括该位置），如果不指定，则默认为序列的长度。

step：表示在切片过程中，每几个存储位置（包含当前位置）取一次元素，也就是说，如果 step 的值大于 1，则在进行切片取序列元素时，会"跳跃式"地取元素。如果省略设置 step 的值，则最后一个冒号就可以省略。

【例 4-2】对字符串"Python 程序设计"进行切片。

```
str = "Python 程序设计"
print(str[:2])      #取索引区间为 [0,2] 之间（不包括索引 2 处的字符）的字符串
print(str[::2]) #隔一个字符取一个字符，区间是整个字符串
print(str[:])       #取整个字符串，此时 [] 中只需一个冒号即可
```

运行结果如下。

```
Py
Pto 程设
Python 程序设计
```

4.1.3 序列相加

在 Python 中，支持两种类型相同的序列使用"+"运算符作相加操作，它会将两个序列进行连接，不会去除重复的元素。这里所说的"类型相同"，指的是"+"运算符两侧的序列要么都是

列表类型，要么都是元组类型，要么都是字符串。

【例4-3】用"+"运算符连接两个（或多个）字符串。

```
str = "Python 程序设计"
str1 = "Java"
print(str1 + "与" + str)
```

运行结果如下。

```
Java 与 Python 程序设计
```

4.2 序列的特性

4.2.1 序列重复

序列相乘，在 Python 中，使用数字 *n* 乘以一个序列会生成新的序列，其内容为原来序列重复 *n* 次的结果。

【例4-4】序列的重复。

```
str = "Python 程序设计"
print(str*3)
```

输出结果如下。

```
Python 程序设计 Python 程序设计 Python 程序设计
```

列表类型在进行乘法运算时，还可以实现初始化指定长度列表的功能。例如，运行下面的代码，将创建一个长度为 5 的列表，列表中的每个元素都是 None，表示什么都没有。

```
>>> list = [None]*5              #列表的创建用 []，后续讲解列表时会详细介绍
>>> print(list)
[None, None, None, None, None]   #输出结果为 5 个 None 构成的列表。
```

4.2.2 成员资格

检查元素是否包含在序列中。Python 可以使用 in 关键字检查某元素是否为序列的成员，其语法格式如下。

```
value in sequence
```

其中，value 表示要检查的元素，sequence 表示指定的序列。

例如，检查字符 'y' 是否包含在字符串 "Python 程序设计" 中，可以执行下面的代码。

```
>>> str = "Python 程序设计"
>>> print('y'in str)
True
```

not in 关键字与 in 关键字用法相同，但功能恰好相反。not in 关键字用来检查某个元素是否不包含在指定的序列中，例如：

```
>>> str = " Python 程序设计 "
>>> print('P' not in str)
False
```

4.2.3 序列比较

在 Python 中，具有相同数据类型的序列可以通过关系运算符进行比较。对序列进行比较大小，实际上就是按"在序列中的顺序"依次对序列中的数据进行比较。

1. 相同类型的两个序列比较

（1）两个序列长度相同时。

比较两个长度相同的序列，先按照序列顺序，比较这两个序列的第一个数据值，如果能够比较出大小，则该结果即为这两个序列的大小结果；如果第一个数值相等，则继续比较第二个数值，以此类推，直到序列中的所有元素都比较完；如果所有的元素都相等，则这两个序列相等。

```
>>> a = [1, 2, 3, 4]
>>> b = [1, 2, 5, 6]
>>> c = [1, 2, 3, 4]
>>> a < b
True
>>> a == c
True
```

按照之前提到的比较规则，列表 a 小于列表 b；列表 a 与列表 c 相等。

（2）两个序列长度不同时。

比较两个长度不同的序列时，首先按照"两个序列长度相同时"提到的方法进行比较，如果较短序列的元素都比较完之后依然没有分出大小，则较长序列大于较短序列。

```
>>> a = [1, 2]
>>> b = [1, 2, 3]
>>> a < b
True
```

列表 b 的长度大于列表 a 的长度，在列表 a 中所有元素都比较完之后依然没有分出大小，则列表 b 大于列表 a。

2. 含有不同类型数据序列的比较

（1）所含的数据类型可以比较。

前面提到，含有相同类型数据的序列可以进行比较，当两个序列含有不同数据类型时，只要不同的数据类型之间可以进行关系运算符的操作，则也可以对这两个序列进行比较。

```
>>> a = [1, 2, 3]
>>> b = [1.0, 2.0, 3.0]
>>> a == b
True
```

其中，列表 a 中的数据类型是整数，而列表 b 中的数据类型是浮点数，由于整数和浮点数可以使用关系运算符进行比较，因此，列表 a 和列表 b 之间也可以使用关系运算符进行比较。

（2）所含的数据类型不能比较。

如果两个序列所含的数据类型不能比较，则比较这两个序列的代码会报错。

```
>>> a = [1, 2, 3]
>>> b = ['a', 'b', 'c']
>>> a > b
Traceback (most recent call last):
    File "<pyshell#9>", line 1, in <module>
        a > b
TypeError: '>' not supported between instances of 'int' and 'str'
```

此时的报错信息为"类型错误：整型和字符串之间不支持'>'的操作"。

4.2.4 序列排序

Python 中对列表进行排序用对象的 sort() 方法或全局的 sorted() 函数，二者区别如下。

（1）对象的 sort() 方法只能用于列表排序，不能用于字符串、字典等其他可迭代序列；sorted() 函数可以用于所有的可迭代序列。

（2）对象的 sort() 方法是在原列表基础上进行排序并返回 None，这样会改变原始列表结构；sorted() 函数返回一个排序后的新序列，对原始列表无影响。

```
#采用对象的 sort () 方法排序
>>> a = [6,9,8,4,3,1,2]
>>> b = a.sort()
>>> print(b)
None
>>> print(a)
[1, 2, 3, 4, 6, 8, 9]

#采用 sorted() 函数进行排序
>>> a = [6,9,8,4,3,1,2]
>>> b = sorted(a)
>>> print(b)
[1, 2, 3, 4, 6, 8, 9]
>>> print(a)
[6, 9, 8, 4, 3, 1, 2]
```

字典排序时，sorted() 函数默认是按照字典的键（key）排序的，具体示例如下。

```
>>> a = {5:'A',1:'E',4:'B',2:'D',3:'C'}
>>> b = sorted(a)
>>> print(b)
[1, 2, 3, 4, 5]
```

如果需要按照字典的值（value）排序，可以用下面的方法。

```
>>> a = {5:'A',1:'E',4:'B',2:'D',3:'C'}
>>> b = sorted(a.items(), key = lambda item:item[1])
```

```
>>> print(b)
[(5, 'A'), (4, 'B'), (3, 'C'), (2, 'D'), (1, 'E')]
```

4.2.5　长度、最小值和最大值

Python 提供了几个与序列相关的内置函数，如 len()、max()、min() 等，如表 4-1 所示，可用于实现与序列相关的一些常用操作。

表 4-1　与序列相关的内置函数

函　　数	功　　能
len()	计算序列的长度，即返回序列中包含多少个元素
max()	找出序列中的最大元素。注意，对序列使用 sum() 函数时，作加和操作的必须都是数字，不能是字符或字符串，否则该函数将抛出异常
min()	找出序列中的最小元素
list()	将序列转换为列表
str()	将序列转换为字符串
sum()	计算元素的和
sorted()	对元素进行排序
reversed()	求反向序列中的元素
enumerate()	将序列组合为一个索引序列，多用在 for 循环中

内置函数使用方法示例如下。

```
str = " Pythonprogramming"
>>> print(len(str))          #求出字符的长度
18
>>> print(max(str))          #找出最大的字符
y
>>> print(sorted(str))       #对字符串中的元素进行排序
[' ', 'P', 'a', 'g', 'g', 'h', 'i', 'm', 'm', 'n', 'n', 'o', 'o', 'p', 'r',
'r', 't', 'y']
```

4.3　列表

列表是一种常用的数据类型，可以包含任何数据类型的有序集合，如数字、字符串甚至是其他列表。列表是可变的，即列表的内容可以改变。

4.3.1　列表的创建

列表中的元素放置在"[ ]"中，两个相邻的元素之间使用","隔开。同一个列表中的元素可以为任何类型的数据，如数值、字符串、列表等。

列表的创建格式：ListName=[元素 a, 元素 b, ...]

【例 4-5】创建列表的程序示例。

```
>>> list1 = [10,20,30,40]                #数字列表
>>> list2 = ['a','b','c','d']            #字符列表
>>> list3 = ['Python',3.14,5,'张三',[10,20]]    #混合列表
>>> list4 = []                           #空列表
>>> print(list1)
[10, 20, 30, 40]
>>> print(list2)
['a', 'b', 'c', 'd']
>>> print(list3)
['Python', 3.14, 5, '张三', [10, 20]]
>>> print(list4)
[]
```

从例 4-5 可以看出，列表元素可以是数字、字符串等不同数据类型，也可以是一个空列表。

```
#使用list()函数可以将任何可迭代的数据转换成列表
>>> a = list(range(10))
>>> print(a)
[0, 1, 2, 3, 4, 5, 6, 7, 8, 9]
```

4.3.2 列表元素的添加

添加列表元素方法有 append()、extend()、insert() 等。也可使用 +、* 运算符添加列表元素。

1. append() 方法

使用 append() 方法可在列表末尾添加一个元素，速度快，是最常见的一种添加列表元素的方式。

```
>>> a = [20,40]
>>> a.append(80)
>>> print(a)
[20, 40, 80]
```

当添加的元素是列表时，如下面的代码，将列表 b 添加至列表 a 中，列表 b=[50, 60] 作为一个元素添加到列表 a 中，而不是把一个列表中的元素复制到另一个列表中。

```
>>> a = [20,40]
>>> b = [50,60]
>>> a.append(b)
>>> print(a)
[20, 40, [50, 60]]
```

2. extend() 方法

使用 extend() 方法可在列表末尾至少添加一个元素。

```
>>> a = [20,40]
>>> a.extend([30,50])
>>> print(a)
[20, 40, 30, 50]
```

还可以直接把另外一个列表的元素添加到这个列表中。

```
>>> a = [20,40]
>>> b = [50,60]
>>> a.extend(b)
>>> print(a)
[20, 40,2 50, 60]
```

注意，extend() 方法是将列表 b 的元素添加到列表 a 中，而 append() 方法是将列表 b 作为元素添加到列表 a 中。

3. insert() 方法

使用 insert() 方法可添加一个元素到列表的任意位置。使用 insert() 方法可以将指定的元素插入列表对象的任意指定位置。但这样会使插入位置后面所有的元素移动，影响处理速度，因此，当涉及大量元素时，尽量避免使用 insert() 方法来添加列表元素。类似发生这种移动的函数还有 remove()、pop() 等，使用这些函数删除非尾部元素时也会使操作位置后面的元素移动。这些函数会在后面介绍。

```
>>> a=[20,40,60,80,70]
>>> a.insert(2,100)
>>> print(a)
[20, 40, 100, 60, 80, 70]
```

a.insert（2, 100）是在 a 列表的位置 2 处添加一个元素 100，a 列表位置 2 之后的元素 60、80、70 全部往后移动一个位置，最后的结果就是 [20, 40, 100, 60, 80, 70]。

4. 使用 +、* 运算符添加列表元素

（1）+ 运算符。

使用 + 运算符添加列表元素时不是在原列表中添加元素，而是创建新的列表，将原列表的元素和新列表的元素依次复制到新的列表中。这样会涉及大量的复制操作，对于操作大量元素不建议使用。

```
>>> a = [60,70]
>>> a = a + [30,50]
>>> print(a)
[60, 70, 30, 50]
```

（2）* 运算符。

使用 * 运算符添加列表元素时，实际是创建一个新列表，新列表元素是原列表元素的多次重复。例如，将列表 a = [60, 70] 重复扩展 3 倍，最后的结果是 [60, 70, 60, 70, 60, 70]。

```
>>> a = [60,70]
>>> a = a * 3
>>> print(a)
[60, 70, 60, 70, 60, 70]
```

4.3.3　列表元素的删除

删除列表元素时，可以使用 del 语句、remove()、pop()、clear() 等函数。

1. del 语句

使用 del 语句可以删除整个列表，语法格式为 del ListName；也可以删除列表中的元素，语法格式为 del ListName[index]。其中，ListName 表示要操作的列表，index 表示要删除元素在列表中的索引位置。

（1）直接删除整个列表。

```
>>> team = ['阿森纳','曼城','曼联','热刺'];
>>> print(team);
['阿森纳', '曼城', '曼联', '热刺']
>>> del team;              #删除列表
>>> print(team);           #报错，无列表输出，列表已删除
NameError: name 'team' is not defined
```

（2）删除列表中的元素。

```
>>> a = [20,60,50,80,70,80]
>>> del a[1]               #删除列表 a 中位置 1 处的元素 60
>>> print(a)
[20, 50, 80, 70, 80]
```

2. remove() 函数

使用 remove() 函数删除列表中的指定元素，语法格式为 ListName.remove(element)，其中 ListName 表示要操作的列表，element 表示要删除的元素。

（1）一次删除一个元素。

```
>>> a = [20,40,60,80,70]
>>> a.remove(20)
>>> print(a)
[40, 60, 80, 70]
```

（2）列表中有重复的元素时删除第一个元素。

```
>>> a = [20,40,60,80,70,80]
>>> a.remove(80)
>>> print(a)
[20, 40, 60, 70, 80]
```

列表 a 中有 2 个元素为 80，a.remove(80) 删除第一个 80 的元素，最后的结果就是 [20, 40, 60, 70, 80]。

（3）元素不存在则抛出 ValueError。

```
>>> a = [20,40,60,80,70,80]
>>> a.remove(10)
ValueError: list.remove(x): x not in list
```

3. pop() 函数

使用 pop() 函数可删除指定索引上的元素，语法格式为 ListName.pop([index])，其中 ListName 表示要操作的列表，index 表示要删除元素在列表中的索引位置，如果元素不存在则抛出 IndexError；

如果不指定索引则删除列表最后一个元素。具体使用方法如下。

（1）删除指定索引上的元素。

```
>>> a = [20,60,50,80,70,80]
>>> a.pop(2)
50
>>> print(a)
[20, 60, 80, 70, 80]
```

（2）元素不存在则抛出 IndexError。

```
>>> a = [20,60,50,80,70,80]
>>> a.pop(6)
IndexError: pop index out of range
```

（3）不指定索引则删除列表最后一个元素。

```
>>> a = [20,60,50,80,70,80]
>>> a.pop()
80
>>> print(a)
[20, 60, 50, 80, 70]
```

4. clear() 函数

使用 clear() 函数可以清空列表中的元素，语法格式为 ListName.clear()，输出结果为空列表 []。

```
>>> a = [20,60,50,80,70,80]
>>> a.clear()
>>> print(a)
[]
```

4.3.4 列表元素的访问

列表元素的访问包括元素查询、获取列表的索引、统计列表中某元素的数量、计算列表长度等。

1. 查询列表元素

```
>>> a = [20,60,50,80,70,80]
>>> print(a[2])
50
```

a[2] 是指查询列表 a 中位置为 2 的元素，其输出结果为 50。

2. 获取列表的索引

获取列表元素的索引使用 index() 函数，其语法格式是 index(value, [start, [end]])。其中，start 和 end 指定搜索的范围。

（1）有多个相同的元素，则返回元素第一次出现的索引。

```
>>> a = [20,60,50,80,70,80]
>>> print(a.index(80))      #获取列表 a 中元素 80 的索引，列表 a 中有两个元素 80，因此返回第一
```

次出现的索引 3
3

（2）元素不存在，则抛出 ValueError。

```
>>> a = [20,60,50,80,70,80]
>>> print(a.index(80,0,2))
ValueError: 80 is not in list
```

a 列表的索引 0 到索引 2 之间没有元素 80，因此输出错误信息。

（3）存在元素的查找。

```
>>> a = [20,60,50,80,70,80]
>>> print(a.index(80,4,6))
5
```

在列表 a 的索引 4 到索引 6 之间，元素 80 出现的索引为 5。

3. 统计列表中某元素的数量

获取元素在列表出现的次数可使用 count() 函数，具体用法如下。

```
>>> a = [20,60,50,80,70,80]
>>> print(a.count(80))
2
```

列表 a 中元素 80 出现了 2 次。

4. 计算列表长度

获取列表的长度可使用 len() 函数，具体用法如下。

```
>>> a = [20,60,50,80,70,80]
>>> print(len(a))
6
```

列表 a 中元素的个数为 6，len() 函数获取的列表长度为 6。

4.3.5 成员资格判断

判断列表中是否存在指定的元素，一般会使用简洁的 in 关键字判断，直接返回 True 或 False。

```
>>> a = [80,52,3,80,60,15,12]
>>> print(80 in a)
True
>>> print(10 in a)
False
```

列表 a 中有元素 80，因此 80 in a 为 True；列表 a 中没有元素 10，因此 10 in a 为 False。

4.3.6 切片操作

切片操作的语法格式为：sname[start:end:step]。

其中，sname：表示序列的名称。

start：表示切片的开始位置（包含该位置），如果不指定，则默认为 0。

end：表示切片的截止位置（不包含该位置），如果不指定，则默认为序列的长度。

step：表示切片的步长，如果省略，则默认为 1，当省略该步长时，最后一个冒号也可以省略。

start 为 0 时可以省略，end 为序列长度时可以省略，step 为 1 时可以省略。step 为负整数时，表示反向切片，此时 start 在 end 的右侧。

列表中的切片操作方法包含以下几种。

1. 使用切片获取列表部分元素

使用切片可以返回列表中部分元素组成的新列表。与使用索引作为下标访问列表元素的方法不同，切片操作不会因为下标越界而抛出异常，而是简单地在列表尾部截断或返回一个空列表，代码具有更强的稳定性。

```
>>> aList = [3, 4, 5, 6, 7, 9, 11, 13, 15, 17]
>>> aList[::]                    #返回包含原列表中所有元素的新列表
[3, 4, 5, 6, 7, 9, 11, 13, 15, 17]
>>> aList[::-1]                  #返回包含原列表中所有元素的逆序列表
[17, 15, 13, 11, 9, 7, 6, 5, 4, 3]
>>> aList[::2]                   #隔一个取一个，获取偶数位置的元素
[3, 5, 7, 11, 15]
>>> aList[1::2]                  #隔一个取一个，获取奇数位置的元素
[4, 6, 9, 13, 17]
>>> aList[3:6]                   #指定切片的开始和结束位置
[6, 7, 9]
>>> aList[0:100]                 #切片结束位置大于列表长度时，从列表尾部截断
[3, 4, 5, 6, 7, 9, 11, 13, 15, 17]
>>> aList[100]                   #抛出异常，不允许越界访问
IndexError: list index out of range
>>> aList[100:]                  #切片开始位置大于列表长度时，返回空列表
[]
>>> aList[-15:3]                 #进行必要的截断处理
[3, 4, 5]
>>> len(aList)                   #获取列表的长度
10
>>> aList[3:-10:-1]              #索引 3 在索引 -10 的右侧，-1 表示反向切片
[6, 5, 4]
>>> aList[3:-5]                  #索引 3 在索引 -5 的左侧，正向切片
[6, 7]
```

2. 使用切片为列表增加元素

可以使用切片操作在列表任意位置插入新元素，切片操作是原地进行的，直接修改了原始列表，而不需要创建一个新的列表对象。但是，如果因为插入新元素导致列表的内存空间不足，列表可能会被重新分配到一个新的内存地址。在这种情况下，尽管操作本身是原地的，但列表对象的内存地址可能会改变。

```
>>> aList = [3, 5, 7]
>>> aList[len(aList):]
[]
>>> aList[len(aList):] = [9]              #在列表尾部增加元素
>>> aList[:0] = [1, 2]                    #在列表头部插入多个元素
>>> aList[3:3] = [4]                      #在列表中间位置插入元素
>>> aList
    [1, 2, 3, 4, 5, 7, 9]
```

3. 使用切片替换和修改列表中的元素

```
>>> aList = [3, 5, 7, 9]
>>> aList[:3] = [1, 2, 3]                 #替换列表元素，等号两边的列表长度相等
>>> aList
    [1, 2, 3, 9]
>>> aList[3:] = [4, 5, 6]                 #切片连续，等号两边的列表长度可以不相等
>>> aList
    [1, 2, 3, 4, 5, 6]
>>> aList[::2] = [0] * 3                  #隔一个修改一个
>>> aList
    [0, 2, 0, 4, 0, 6]
>>> aList[::2] = ['a', 'b', 'c']          #隔一个修改一个
>>> aList
    ['a', 2, 'b', 4, 'c', 6]
```

4. 使用切片删除列表中的元素

```
>>> aList = [3, 5, 7, 9]
>>> aList[:3] = []                        #删除列表中前 3 个元素
>>> aList
[9]
```

也可以使用 del 语句与切片结合删除列表中的部分元素，并且切片元素可以不连续。

```
>>> aList = [3, 5, 7, 9, 11]
>>> del aList[:3]                         #切片元素连续
>>> aList
    [9, 11]
>>> aList = [3, 5, 7, 9, 11]
>>> del aList[::2]                        #切片元素不连续，隔一个删一个
>>> aList
    [5, 9]
>>>aList = [ 'a','b','c','d','e','f']
aList[1::2] = range(3)                    #序列解包的用法
>>> aList
    ['a', 0, 'c', 1, 'e', 2]
>>> aList[1::2] = map(lambda x: x! = 5, range(3))
>>> aList
    ['a', True, 'c', True, 'e', True]
>>> aList[1::2] = zip('abc', range(3))    #map、filter、zip 对象都支持这样的用法
>>> aList
    ['a', ('a', 0), 'c', ('b', 1), 'e', ('c', 2)]
>>> aList[::2] = [1]                      #切片不连续时等号两边列表长度必须相等，否则出错
```

```
ValueError: attempt to assign sequence of size 1 to extended slice of size 3
```

4.3.7 列表排序

列表的排列,可以采用列表对象的 sort() 方法,也可以采用内置函数 sorted()。默认是升序排序。参数 reverse=True 则为逆序排序。

1. sort() 方法

(1)升序排列。

```
>>> a = [80,52,3,80,460,158,123]
>>> a.sort()
>>> print(a)
[3, 52, 80, 80, 123, 158, 460]
```

列表 a 按照元素的大小,进行升序排序,结果为 [3, 52, 80, 80, 123, 158, 460]。

(2)降序排列。

```
>>> a = [80,52,3,80,460,158,123]
>>> a.sort(reverse = True)
>>> print(a)
[460, 158, 123, 80, 80, 52, 3]
```

参数 reverse = True,表示为逆序排序,结果为 [460, 158, 123, 80, 80, 52, 3]。

2. 内置函数 sorted() 函数

(1)对列表升序排序,生成一个新列表。

```
>>> a = [80,52,3,80,460,158,123]
>>> new_a = sorted(a)
>>> print(new_a)
[3, 52, 80, 80, 123, 158, 460]
```

采用 Python 的内置函数 sorted() 进行排序,结果为 [3, 52, 80, 80, 123, 158, 460]。

(2)对列表逆序排序,生成一个新列表。

```
>>> a = [80,52,3,80,460,158,123]
>>> new_a = sorted(a,reverse = True)
>>> print(new_a)
[460, 158, 123, 80, 80, 52, 3]
```

采用 Python 的内置函数 sorted() 进行排序,参数 reverse = True 表示逆序排序,结果为 [460, 158, 123, 80, 80, 52, 3]。

4.3.8 列表推导式

Python 中存在一种特殊的表达式,名为推导式,它的作用是将一种数据结构作为输入,再经过过滤计算等处理,最后输出另一种数据结构。根据数据结构的不同分为列表推导式、集合推导式和字典推导式。最常使用的是列表推导式。

列表推导式的语法格式为 listname = [expression for variable in 对象 (if condition)]。

listname：新生成的列表名字。

expression：表达式。

variable：变量名。

（if condition）：用于从对象中选择符合要求的列表。

下面介绍使用列表推导式生成规定范围的数值列表、规定条件的列表和符合条件元素组成的列表。

1. 规定范围的数值列表

生成 10 个数字并存放在列表中，普通方式如下。

```
listname = []
for i in range(10):
    listname.append(i)
print(listname)
```

输出结果如下。

```
[0, 1, 2, 3, 4, 5, 6, 7, 8, 9]
```

使用列表推导式只需要一行代码。

```
listname = [i for i in range(10)]
```

输出结果如下。

```
[0, 1, 2, 3, 4, 5, 6, 7, 8, 9]
```

可见，采用列表推导式能简化生成列表的代码。

2. 根据规定条件生成列表

已知一个列表为 listname = [1, 3, 5, 6, 7, 9, 10, 23, 26, 28, 64, 98]，要将其中的数全部加 5，普通方式如下。

```
listname = [1,3,5,6,7,9,10,23,26,28,64,98]
for i in range(len(listname)):
    listname[i] += 5
print(listname)
```

输出结果如下。

```
[6, 8, 10, 11, 12, 14, 15, 28, 31, 33, 69, 103]
```

使用列表推导式同样很简洁。

```
listname = [1,3,5,6,7,9,10,23,26,28,64,98]
listname = [ i + 5 for i in listname]
```

输出结果如下:

```
[6, 8, 10, 11, 12, 14, 15, 28, 31, 33, 69, 103]
```

3. 符合条件的元素组成的列表

已知一个列表为 listname = [8, 33, 53, 64, 73, 95, 101, 123, 126, 164, 198],要求先找到列表中大于 100 的数字,然后乘以 0.8,再返回到列表中。

使用普通方法如下。

```
listname = [10,20,30,40,60,120,130,140,160,180,200]
newlist = []                            #创建新列表来存储
for i in range(len(listname)):          #索引值遍历
    if listname[i] >100:                #找到大于 100 的数
        listname[i] *= 0.8              #乘以 0.8
        newlist.append(listname[i])     #添加到新列表中
print(newlist)
```

输出结果如下。

```
[96.0, 104.0, 112.0, 128.0, 144.0, 160.0]
```

使用列表推导式如下。

```
listname = [10,20,30,40,60,120,130,140,160,180,200]
newlist = [i*0.8 for i in listname if i > 100]
print(newlist)
```

输出结果如下。

```
[96.0, 104.0, 112.0, 128.0, 144.0, 160.0]
```

【例 4-5】请使用列表推导式提取出列表 [1, 2, 13, 22, 25] 中大于 10 的数,将提取出的每个数进行平方并输出新列表。

```
list = [1,2,13,22,25]
newlist = [i * i for i in list if i >10]
print(newlist)
```

输出结果如下。

```
[169, 484, 625]
```

【例 4-6】采用列表推导式求列表中的所有奇数并构造新列表,列表为 list = [1, 2, 3, 4, 5, 6, 7, 8, 9, 10],代码如下。

```
list = [1, 2, 3, 4, 5, 6, 7, 8, 9, 10]
newlist = [i for i in list if i%2 == 1]
print(newlist)
```

输出结果如下。

```
[1, 3, 5, 7, 9]
```

4.4 元组

元组是 Python 中另一种内置的存储有序数据的类型。元组与列表类似，也是由一系列按特定顺序排列的元素组成的，可存储不同类型的数据，如字符串、数字。但元组是不可改变的，创建后不能再作任何修改操作。

4.4.1 元组的创建与删除

1. 创建元组

元组是不可修改的序列。创建空元组的语法格式为元组名 =()。创建元组时，可以使用"="直接将一个元组赋值给变量。不同于列表使用"[ ]"，元组是使用"()"。以下都是合法的元组。

```
>>> a = (1,2,3,4,5)
>>> b = ("Python","Java")
>>> c = ("Python",22,(" 人生苦短 ","Python"),["C 语言","C++"])
>>> print(a,'\n',b,'\n',c)
(1, 2, 3, 4, 5)
 ('Python', 'Java')
 ('Python', 22, (' 人生苦短 ', 'Python'), ['C 语言', 'C++'])
```

当元组只有一个元素时，其类型并不是元组，而是元素的类型。要使其类型为元组，在元素后面加","。

```
>>> a = ('Python')
>>> print(a)
Python
>>> print(type(a))
<class 'str'>
```

从上面代码可以看出，a 的类型为字符串。

```
>>> b = ('Python',)
>>> print(b)
('Python',)
>>> print(type(b))
<class 'tuple'>
```

从上面代码可以看出，b 的类型为元组。
Python 中也可以创建空元组，即不在'()'中添加元素。

```
>>> a = ()
>>> print(a)
()
```

在 Python 中，可以使用 tuple() 函数直接将 range() 函数循环出来的结果转换为数值元组。tuple() 函数不仅能通过 range() 函数对象创建元组，还可以通过其他对象创建元组。

```
>>> print(tuple(range(1,10,2)))
```

```
(1, 3, 5, 7, 9)
```

2. 删除元组

直接用 del 语句就可以删除元组。

```
>>> a = tuple(range(1,10,2))
>>> print(a)
(1, 3, 5, 7, 9)
>>> del a
>>> print(a)
NameError: name 'a' is not defined
```

第一个 print() 函数把元组打印出来了。第二个 print() 函数因为前面用 del 语句删除了元组，所以没打印出元组，显示错误信息。

3. 元组总结

（1）元组与列表语法相似，但列表用"[]"，元组用"()"。
（2）当元组只有一个元素时，变量类型并不是元组，而是元素的类型。
（3）使用 del 语句删除元组时，若没有元组，则会报错。

4.4.2 元组的访问和遍历

1. 访问元组元素

元组的访问语法与列表类似：元组名 [索引]。

```
>>> tuple1 = tuple(range(2,15,3))
>>> print(tuple1)
(2, 5, 8, 11, 14)
>>> print(tuple1[2])
8
```

元组 tuple1 中的元素为（2, 5, 8, 11, 14），通过索引访问元组中的元素，索引从 0 开始，最后一个元素的索引为元组长度减 1。

2. 遍历元组

（1）使用 for 循环遍历元组中的元素，其语法格式如下。

```
for item in 元组名:
    print(item)
>>> tuple1 = tuple(range(2,15,3))
>>> for i in tuple1:
    print(i)
```

运行结果如下。

```
2
5
8
```

```
11
14
```

（2）使用 for 循环和 enumerate() 函数遍历元组中的元素，其语法格式如下。

```
for index,item in enumerate(元组名)
```

其中，index 用于保存元素的索引，item 用于保存获取到的元素。

```
>>> tuple1 = tuple(range(2,15,3))
>>> print(tuple1)
(2, 5, 8, 11, 14)
>>> for index,item in enumerate(tuple1):
    print(index,item)
```

运行结果如下。

```
0 2
1 5
2 8
3 11
4 14
```

3. 元组推导式

元组推导式用于生成指定范围的数值列表，其语法格式如下。

```
元组名 = tuple(表达式 for var in range)
```

【例 4-7】生成一个 10 个随机数的元组。

```
>>> import random
>>> rn = tuple((random.randint(10,100) for i in range(10)))
>>> print(rn)
(73, 44, 82, 26, 53, 22, 70, 96, 83, 29)
```

4.4.3　元组与列表的区别

元组和列表最大的区别是，列表中的元素可以进行任意修改，而元组中的元素无法修改。可以理解为元组是一个只读版本的列表。此外，列表和元组还有一些区别，列表是动态的，长度大小不固定，可以随意地增加、删除、修改元素；元组是静态的，长度在初始化时就已经确定，不能更改，更无法增加、删除、修改元素。

4.4.4　元组的操作

1. 按索引查找元组

通过索引，查找元组中的元素。

```
>>> tup1 = ('Python', 'java', 'php', 'c++')
>>> print(tup1[1])                #java
java
```

找到索引是 1 的元素,其元素为 java。

2. 查找元组中的元素

查找元组中的元素可使用 index() 函数,其语法与获取列表索引相同,如果元素存在,则返回对应的索引,否则报错。

```
>>> tup1 = ('Python', 'java', 'php', 'c++')
>>> print(tup1.index('php'))     #2
2
>>> print(tup1.index('C'))       #报错,C 数据不在数组中
ValueEr ror: tuple.index(x): x not in tuple
```

3. 统计元组中某元素的数量

统计某个数据在当前元组中出现的次数可使用 count() 函数,具体用法如下。

```
>>> tup1 = ('Python', 'java', 'php', 'c++', 'java')
>>> print(tup1.count('java'))    #2
2
>>> print(tup1.count('ph'))      #0
0
```

4. 统计元组中元素的个数

统计元组中元素的个数可使用 len() 函数,具体用法如下。

```
>>> tup1 = ('Python', 'java', 'php', 'c++', 'java')
>>> print(len(tup1))             #5
5
```

元组 tup1 中的元素个数为 5。

5. 特殊情况修改

(1)直接修改元组内的数据,报错。

```
>>> tup1 = ('Python', 'java', 'php', 'c', 'java')
>>> tup1[0] = 'C#'
Traceback (most recent call last):
File "<pyshell#138>", line 1, in <module>
    tup1[0] = 'C#'
TypeError: 'tuple' object does not support item assignment
```

从上面程序可以看出,直接修改元组内的数据会报错。
(2)支持修改元组内的列表数据。

```
>>> tup2 = ('Python', 'java', ['php', 'c', 'java'])
>>> print(tup2[2])
['php', 'c', 'java']
```

```
>>> tup2[2][0] = 'c#'    #修改元组内列表中的数据
>>> print(tup2)
('Python', 'java', ['c#', 'c', 'java'])
```

tup2[2] 是元组中的一个列表元素，可以对这个列表的元素进行修改。如果元组中有列表，修改列表中的数据则是支持的。

4.5 本章小结

本章介绍了 Python 中序列的分类和基本特性，以及列表、元组等序列类型的基本操作，这些序列类型都具有相同的操作方法，如索引、切片、序列相加、序列重复、序列比较、序列排序、计算序列的长度、最小值、最大值等。

列表是一种数据类型，列表可以容纳不同类型的元素，通过 list[index] 可以访问列表中对应位置的元素，Python 提供了两种列表排序方式，升序排序和逆序排序。append() 方法用于向列表尾部添加元素，insert() 方法用于在指定列表内的索引位置插入元素，列表从一个变量赋值到另一个变量（或函数参数传递）时，并不会复制列表，而是选择将列表关联到另一个变量/名字。可以采用列表对象的 sort() 方法是实现列表元素排序，sort() 方法会导致列表中元素顺序的改变。sorted() 函数将返回排好顺序的新列表，同时保持原列表不变。reverse() 函数可以将原有列表内的元素顺序倒置，使用 for 循环语句快速生成列表，列表 + 列表表示两个列表的拼接，列表 * n 表示生成一个新列表，原列表元素重复 n 次。

元组用 () 包含多个元素，元素可以是任意类型。元组的数据组织形式类似列表，其元素访问及操作方式与列表类似。元组属于只读类型，任何导致元组预期被修改的操作都是非法的。tuple() 函数可将列表、字符串甚至生成对象作为参数，并将其转换成元组。

习题

在线测试

一、选择题（从 A、B、C、D 四个选项中选择一个正确答案）

1. 以下 Python 数据中，元素不可以改变的是（   ）。
   A. 列表　　　　　　B. 元组　　　　　　C. 字符串　　　　　　D. 数组
2. 表达式"[2] in [1,2,3,4]"的值是（   ）。
   A. Yes　　　　　　B. No　　　　　　　C. True　　　　　　　D. False
3. max((1,2,3)*2) 的值是（   ）。
   A. 3　　　　　　　B. 4　　　　　　　　C. 5　　　　　　　　D. 6
4. 以下选项中，与 s[0:-1] 表示的含义相同的是（   ）。
   A. s[-1]　　　　　B. s[:]　　　　　　C. s[:len（s）-1]　　D. s[0:len（s）]
5. 对于列表 L = [1,2,'Python',[1,2,3,4,5]]，L[-3] 是（   ）。
   A. 1　　　　　　　B. 2　　　　　　　　C. 'Python'　　　　　D. [1,2,3,4,5]
6. tuple(range(2,10,2)) 的返回结果是（   ）。
   A. [2, 4, 6, 8]　　B. [2, 4, 6, 8, 10]　C.（2, 4, 6, 8）　　　D.（2, 4, 6, 8, 10）

7. 以下 Python 程序的运行结果是（　　）。

```
s = [1,2,3,4]
s.append([5,6])
print(len(s))
```

  A. 2   B. 4   C. 5   D. 6

8. 以下 Python 程序的运行结果是（　　）。

```
s1 = [4,5,6]
s2 = s1
s1[1] = 0
print(s2)
```

  A. [4, 5, 6]   B. [4, 0, 6]   C. [0, 5, 6]   D. [4, 5, 0]

二、简答与编程题（按照题目要求，回答问题或编写程序代码）

1. 什么叫序列？它有哪些类型？各有什么特点？

2. 用列表解析式生成包含 10 个数字 5 的列表，请写出语句。如果要生成包含 10 个数字 5 的元组，请写出语句。

3. 班上举行了数学考试，学生小明 90 分，小红 85 分，小强 95 分。现已将学生姓名存放在 student 元组中，成绩存放在 score 元组中。请按照 XX 同学的数学成绩为 XX 的格式输出每位同学的成绩。

```
student = ("小明", "小红", "小强")
score = (90, 85, 95)
```

4. 找出列表 list1 和 list2 中的不同元素，并组合成新的列表 list3，最后输出结果。

```
list1 = [11, 22, 33, 44, 99]
list2 = [22, 33, 55, 66, 77, 88]
```

5. 编写程序，实现分段函数的计算，分段函数的取值如表 4-2 所示。可连续输入 5 次，每次的结果都将添加到列表中。

表 4-2　分段函数的取值

自变量 x	因变量 y
x < 0	0
0 ≤ x < 5	x
5 ≤ x < 10	3x−5
10 ≤ x < 20	0.5x−2
x ≥ 20	0

6. 现有列表 cities 存放城市名称，cities = ["北京", "广州", "波士顿", "深圳", "湖南", "成都", "洛杉矶", "武汉", "浙江", "香港", "澳门"]，但内容存在些许错误，请按照要求进行修改。

  要求：（1）在北京和广州中间插入上海；

    （2）删除不属于中国的城市；

    （3）将省份名称改为其省会城市；

    （4）在末尾加上台北。

7. 微软产品序列号通常是一个由字母和数字混合组成的 25 个字符的字符串，分为 5 组，每组 5 个字符，组与组之间用短画线"-"分隔。序列号中的每个字符取自一个特定的字符集，这个字符集可能包括所有大写字母（A~Z，除了某些特定的字母，如 I 和 O，以避免与数字 1 和 0 混淆）和数字（0~9）。例如，一个序列号可能看起来像这样：XXXXX-XXXXX-XXXXX-XXXXX-XXXXX，其中每个 X 代表一个字符。编写程序，模拟生成微软产品序列号。

第 5 章

字典与集合

CHAPTER 5

本章要点

- 字典的创建与访问
- 字典的方法
- 字典的遍历
- 集合的创建与访问
- 集合的基本操作
- 集合的运算

5.1 字典

Python中有一个很重要的数据类型就是字典（dict），Python字典区别于其他的"容器"类型，如列表、元组、集合，字典存放的是有映射关系的数据。字典相当于保存了两组数据，其中一组数据是关键数据，称为key（键）；另一组数据可通过key来访问，称为value（值）。

由于字典中的key是非常关键的数据，而且程序需要通过key来访问value，因此字典中的key不允许重复，value是允许重复的。

5.1.1 字典的创建与删除

1. 字典的创建

（1）创建空字典，花括号 {} 中为空。

```
>>> dict1 = {}
>>> print(type(dict1))
<class 'dict'>
```

（2）创建有映射关系的字典。字典的每个key-value对（键值对）之间用冒号":"分隔（key:value），每对key-value对之间用逗号","分隔，整个字典包含在花括号 {} 中。

```
>>> dict1 = {'小张':'138850501856','小李':'13900881234'}
>>> print(dict1)
{'小张': '138850501856', '小李': '13900881234'}
```

使用花括号语法创建字典时，花括号中应包含多个key-value对。字典中的键key是不允许重复的，如果其中有重复的，则后面key的值默认覆盖前面key的值，而值value是允许重复的。

```
>>> dict1 = {'小李':'138850501856','小张':'13900881234','小李':'138850508000'}
>>> print(dict1)
{'小李': '138850508000', '小张': '13900881234'}
```

上面程序中，key"小李"有两个，第二个"小李"对应的值覆盖前面一个"小李"的值。

```
>>> dict1 = {'小李':'138850501856','小张':'13900881234','小王':'13900881234'}
>>> print(dict1)
{'小李': '138850501856', '小张': '13900881234', '小王': '13900881234'}
```

上面程序中，两个value"13900881234"相同，但字典中的值value允许重复，因此不会覆盖。下面代码示范了使用花括号语法创建字典。

```
>>> scores = {'语文': 98, '数学': 95, '英语': 92}
>>> print(scores)
    {'语文': 98, '数学': 95, '英语': 92}
>>> empty_dict = {}                          #空的花括号代表空的字典
>>> print(empty_dict)
    {}
>>> dict2 = {(20, 30):'good', 30:'bad'}      #使用元组作为字典的key
```

```
>>> print(dict2)
{(20, 30): 'good', 30: 'bad'}
```

上面程序中第 1 行代码创建了一个简单的字典，该字典的 key 是字符串，value 是整数。第 4 行代码使用花括号创建了一个空的字典，第 7 行代码创建的字典中第一个 key 是元组，第二个 key 是整数值，这都是合法的。

需要指出，字典要求 key 必须是不可变类型，元组可以作为字典的 key，但列表不能作为字典的 key。

在使用 dict() 函数创建字典时，可以传入多个列表或元组参数作为 key-value 对，每个列表或元组将被当成一个 key-value 对，因此这些列表或元组都只能包含两个元素。

```
>>>htables = [('李明', 158), ('王强', 179), ('张泰', 185)]
>>> dict3 = dict(htables)                    #创建包含 3 组 key-value 对的字典
>>> print(dict3)
{'李明': 158, '王强': 179, '张泰': 185}
```

程序中 htables 是一个包含 3 个元素的元组，创建字典后元组中的第一个值为 key，第二个值为 value。

```
>>> cars = [['宝马', 55], ['奔驰', 53], ['奥迪', 45]]
>>> dict4 = dict(cars)
>>> print(dict4)
{'宝马': 55, '奔驰': 53, '奥迪': 45}
```

程序中 cars 为 3 个元素构成的列表，每个元素也是一个列表，创建字典后，列表元素中的第一个值为 key，第二个值为 value。

如果不为 dict() 函数传入任何参数，则代表创建一个空的字典。

```
>>> dict5 = dict()                           #创建空的字典
>>> print(dict5)
{}
```

还可通过为 dict() 函数指定关键字参数创建字典，此时字典的 key 不允许使用表达式。

```
>>> dict6 = dict(weight = 70, height = 179)   #使用关键字参数创建字典
>>> print(dict6)
{'weight': 70, 'height': 179}
```

上面代码在创建字典时，其 key 直接写 weight、height，不需要将它们放在引号中。

2. 字典的删除

与列表和元组相同，使用 del 语句删除字典。通过下面的代码即可将已经定义的字典删除。

```
>>> del dictionary
```

另外，如果想删除字典的全部元素，可以使用字典对象的 clear() 方法。执行 clear() 方法后，原字典将变为空字典。例如，下面的代码将清除字典的全部元素。

```
>>>dictionary.clear()
```

除了上面介绍的方法可以删除字典元素，还可以使用字典对象的 pop() 方法删除并返回指定"键"的元素，以及使用字典对象的 popitem() 删除字典中的任意一个 key-value 对，并以元组形式返回删除的 key-value 对。

```
>>> smart_girl = {"name":"yuan wai", "age": 25,"address":"Beijing"}
>>> smart_girl.pop("name")
'yuan wai'
```

使用字典对象的 pop() 方法删除字典中的 name 对应的值。

```
>>> smart_girl.popitem()          #返回被删除的 key-value 对
('address', 'Beijing')
```

字典对象的 popitem() 方法，返回删除的 key-value 对。当字典为空时，返回错误信息：KeyError: 'popitem(): dictionary is empty'。

5.1.2 字典元素的访问

字典中的元素不能通过索引访问，只能通过键查找对应的值，有两种不同的写法。

dictname[key]，其中 dictname 代表字典的名称，key 代表指定的键。如果指定的键不存在，将返回错误信息 KeyError。

dictname.get（key），其中 dictname 表示字典的名称，key 表示指定的键。如果指定的键不存在，将返回 None。

【例 5-1】 Python 访问字典示例。

```
>>> dict_demo = {'name':'张三','age':20,'height':185}
>>> print(dict_demo['name'])
张三
>>> print(dict_demo.get('name'))
张三
>>> print('键值不存在的情况返回结果 = ',dict_demo.get('test'))
键值不存在的情况返回结果 = None
>>> print('键值不存在的情况返回结果 = ',dict_demo['test'])
KeyError: 'test'
```

在以上程序中，通过 key 访问 value 的值，如果 key 不存在，则返回错误信息 keyError。如果采用 get() 方法，则返回 None。

字典包含多个 key-value 对，而 key 是字典的关键数据，因此程序对字典的操作都是基于 key 进行的。字典有如下的基本操作。

（1）通过 key 访问 value。

（2）通过 key 添加 key-value 对。

（3）通过 key 删除 key-value 对。

（4）通过 key 修改 key-value 对。

（5）通过 key 判断指定 key-value 对是否存在。

像前面介绍的列表和元组一样，通过 key 访问 value 使用的也是方括号，只是此时在方括号中放的是 key，而不是列表或元组中的索引。

【例 5-2】下面代码给出了通过 key 访问 value 的示例。

```
>>> scores = {'语文': 89}
>>> print(scores['语文'])           #通过 key 访问 value
89
```

如果要为字典添加 key-value 对，只需为不存在的 key 赋值即可。

```
>>> scores['数学'] = 93
>>> scores['英语'] = 97
>>> print(scores)
{'语文': 89, '数学': 93, '英语': 97}
```

如果要删除字典中的 key-value 对，则可使用 del 语句。

```
>>> del scores['语文']
>>> del scores['数学']
>>> print(scores)
{'英语': 97}
```

如果对字典中存在的 key-value 对赋值，新赋值的 value 就会覆盖原有的 value，即可改变字典中的 key-value 对。

```
>>> cars = {'BMW': 8.5, 'BENS': 8.3, 'AUDI': 7.9}
>>> cars['BENS'] = 4.3
>>> cars['AUDI'] = 3.8
>>> print(cars)
{'BMW': 8.5, 'BENS': 4.3, 'AUDI': 3.8}
```

如果要判断字典中是否包含指定的 key，则可以使用 in 或 not in 运算符。需要指出，对于字典而言，in 或 not in 运算符都是基于 key 来判断的。

```
>>> print('AUDI' in cars)           #判断 cars 是否包含名为 'AUDI' 的 key
True
>>> print('PORSCHE' in cars)        #判断 cars 是否包含名为 'PORSCHE' 的 key
False
>>> print('LAMBORGHINI' not in cars)
True
```

通过上面的介绍可以看出，字典的 key 是它的关键。换个角度来看，字典的 key 就相当于它的索引，只不过这些索引不一定是整数类型，字典的 key 可以是任意不可变类型。字典相当于索引是任意不可变类型的列表，而列表则相当于 key 只能是整数的字典。因此，如果程序中要使用字典的 key 都是整数类型，则可考虑能否换成列表。

此外，需要注意，列表的索引总是从 0 开始、连续增大的；但字典的索引即使是整数类型，也不需要从 0 开始，而且不需要连续。也就是说，字典中的 key-value 对没有先后顺序的概念。

列表不允许对不存在的索引赋值，但字典允许直接对不存在的 key 赋值，这样就会为字典增加一个 key-value 对。

5.1.3 字典的操作函数

字典由 dict 类代表，因此可使用 dir(dict) 函数查看该类包含哪些方法。在交互式解释器中输入 dir(dict) 命令，将显示如下输出结果。

```
>>> dir(dict)
['clear', 'copy', 'fromkeys', 'get', 'items', 'keys', 'pop', 'popitem',
'setdefault', 'update', 'values']
```

下面介绍字典的一些常用方法。

1. clear() 方法

clear() 方法用于清空字典中所有的 key-value 对，对一个字典使用 clear() 方法之后，该字典就会变成一个空字典。如下面代码所示。

```
>>> cars = {'BMW': 8.5, 'BENS': 8.3, 'AUDI': 7.9}
>>> print(cars)
{'BMW': 8.5, 'BENS': 8.3, 'AUDI': 7.9}
>>> cars.clear()                    #清空 cars 所有 key-value 对
>>> print(cars)                     #{}
{}
```

2. get() 方法

get() 方法根据 key 获取 value，它相当于方括号的增强版，当使用方括号访问并不存在的 key 时，字典会引发 KeyError 错误。但如果使用 get() 方法访问不存在的 key，该方法会简单地返回 None，不会导致错误。

【例 5-3】字典的 get() 方法使用示例。

```
>>> cars = {'BMW': 8.5, 'BENS': 8.3, 'AUDI': 7.9}
>>> print(cars.get('BMW'))          #获取 'BMW' 对应的 value,8.5
8.5
>>> print(cars.get('PORSCHE'))      #None
None
>>> print(cars['PORSCHE'])          #KeyError
Traceback (most recent call last):
    File "<pyshell#68>", line 1, in <module>
        print(cars['PORSCHE'])      #KeyError
KeyError: 'PORSCHE'
```

3. update() 方法

update() 方法可用一个字典所包含的 key-value 对来更新已有的字典。在执行 update() 方法时，如果被更新的字典中已包含对应的 key-value 对，那么原 value 会被覆盖。如果被更新的字典中不包含对应的 key-value 对，则该 key-value 对会被添加。

【例 5-4】字典的 update() 方法应用示例。

```
>>> cars = {'BMW': 8.5, 'BENS': 8.3, 'AUDI': 7.9}
>>> cars.update({'BMW':4.5, 'PORSCHE': 9.3})
```

```
>>> print(cars)
{'BMW': 4.5, 'BENS': 8.3, 'AUDI': 7.9, 'PORSCHE': 9.3}
```

从例 5-4 的执行过程可以看出，由于被更新的字典中已包含 key 为 BMW 的 key-value 对，因此更新时该 key-value 对的 value 将被改写。被更新的字典中不包含 key 为 PORSCHE 的 key-value 对，更新时就会为原字典增加一个 key-value 对。

items() 方法、keys() 方法、values() 方法分别用于获取字典中的所有 key-value 对、所有 key、所有 value。这三个方法依次返回 dict_items、dict_keys 和 dict_values 对象，Python 不希望用户直接使用这几个方法，但可通过 list() 函数把它们转换成列表。

【例 5-5】 items()、keys()、values() 三个方法的应用示例。

```
>>> cars = {'BMW': 8.5, 'BENS': 8.3, 'AUDI': 7.9}
>>> ims = cars.items()       #获取字典所有的 key-value 对，返回一个 dict_items 对象
>>> print(type(ims))         #输出 ims 的类型
<class 'dict_items'>
>>>print(list(ims))          #将 dict_items 转换成列表
[('BMW', 8.5), ('BENS', 8.3), ('AUDI', 7.9)]
>>>print(list(ims)[1])       #访问第 2 个 key-value 对
('BENS', 8.3)
>>>kys = cars.keys()         #获取字典所有的 key, 返回一个 dict_keys 对象
>>>print(type(kys))          #输出 kys 的类型
<class 'dict_keys'>
>>>print(list(kys))          #将 dict_keys 转换成列表
['BMW', 'BENS', 'AUDI']
>>>print(list(kys)[1])       #访问第 2 个 key
BENS
>>>vals = cars.values()      #获取字典所有的 value, 返回一个 dict_values 对象
>>>print(type(vals))         #输出 vals 的类型
<class 'dict_values'>
>>>print(list(vals))         #将 dict_values 转换成列表
[8.5, 8.3, 7.9]
>>>print(list(vals)[1])      #访问第 2 个 value
8.3
```

从例 5-5 的代码可以看出，程序调用字典的 items()、keys()、values() 方法之后，都需要调用 list() 函数将它们转换为列表，这样可把这三个方法的返回值转换为列表。

4. pop() 方法

pop() 方法用于获取指定 key 对应的 value，并删除这个 key-value 对。

【例 5-6】 pop() 方法的应用示例。

```
>>> cars = {'BMW': 8.5, 'BENS': 8.3, 'AUDI': 7.9}
>>> print(cars.pop('AUDI'))    #获取 'AUDI' 对应的 value，并删除 'AUDI':7.9
7.9
>>> print(cars)
{'BMW': 8.5, 'BENS': 8.3}
```

5. popitem() 方法

popitem() 方法用于随机弹出字典中的一个 key-value 对。此处的随机其实不是真实的随机，正如列表的 pop() 方法总是弹出列表中最后一个元素那样，字典的 popitem() 方法其实也是弹出字

典中最后一个 key-value 对。由于字典存储 key-value 对的顺序是不可知的，因此开发者感觉字典的 popitem() 方法是"随机"弹出的，但实际上字典的 popitem() 方法总是弹出底层存储的最后一个 key-value 对。

【例 5-7】popitem() 方法的应用示例。

```
>>> cars = {'AUDI': 7.9, 'BENS': 8.3, 'BMW': 8.5}
>>> print(cars)
{'AUDI': 7.9, 'BENS': 8.3, 'BMW': 8.5}
>>> print(cars.popitem())          #弹出字典底层存储的最后一个 key-value 对
('BMW', 8.5)
>>> print(cars)
{'AUDI': 7.9, 'BENS': 8.3}
```

由于实际上 popitem() 方法弹出的就是一个元组，因此程序可以通过序列解包的方式用两个变量分别接收 key 和 value。如下面代码所示。

```
>>> k, v = cars.popitem()          #将弹出项的 key 赋值给 k、value 赋值给 v。
>>> print(k, v)
BENS 8.3
```

6. setdefault() 方法

setdefault() 方法返回指定 key 对应的 value。根据 key 获取对应的 value 值时，如果该 key-value 对存在，则直接返回该 key 对应的 value；如果该 key-value 对不存在，则先为该 key 设置默认的 value，再返回该 key 对应的 value。

【例 5-8】setdefault() 方法的应用示例。

```
>>> cars = {'BMW': 8.5, 'BENS': 8.3, 'AUDI': 7.9}
>>> print(cars.setdefault('PORSCHE', 9.2)) #设置默认值,该 key 在字典中不存在,新增 key-
                                           #value 对
9.2
>>> print(cars)
{'BMW': 8.5, 'BENS': 8.3, 'AUDI': 7.9, 'PORSCHE': 9.2}
>>> print(cars.setdefault('BMW', 3.4))     #设置默认值,该 key 在 dict 中存在,不会修改
                                           #字典内容
8.5
>>> print(cars)
{'BMW': 8.5, 'BENS': 8.3, 'AUDI': 7.9, 'PORSCHE': 9.2}
```

7. fromkeys() 方法

fromkeys() 方法使用给定的多个 key 创建字典，这些 key 对应的 value 默认都是 None；也可以额外传入一个参数作为默认的 value，通常会使用字典类直接调用。

【例 5-9】fromkeys() 方法应用示例。

```
>>> a_dict = dict.fromkeys(['a', 'b'])     #使用列表创建包含 2 个 key 的字典
>>> print(a_dict)
{'a': None, 'b': None}
>>> b_dict = dict.fromkeys((13, 17))       #使用元组创建包含 2 个 key 的字典
>>> print(b_dict)
```

```
{13: None, 17: None}
>>> c_dict = dict.fromkeys((13, 17), 'good')    #使用元组创建包含 2 个 key 的字典,指定
                                                # 默认的 value
>>> print(c_dict)
{13: 'good', 17: 'good'}
```

使用字典格式化字符串时,如果要格式化的字符串模板中包含多个变量,就需要按顺序给出多个变量,这种方式适用于字符串模板中包含少量变量的情形,但如果字符串模板中包含大量变量,这种按顺序提供变量的方式则不合适,可改为在字符串模板中按 key 指定变量,然后通过字典为字符串模板中的 key 设置值。

【例 5-10】用字典对格式化的字符串变量传递值。

```
>>> temp = '教程是:%(name)s,价格是:%(price)010.2f,出版社是:%(publish)s'
# 字符串模板中使用 key
>>> book = {'name':'Python 程序设计教程', 'price': 59, 'publish': '清华大学出版
    社'}              #使用字典为字符串模板中的 key 传值
>>> print(temp % book)
教程是:Python 程序设计教程,价格是:0000059.00,出版社是:清华大学出版社
>>> book = {'name':'Python 程序设计', 'price':59, 'publish': '电子工业出版社'}
>>> print(temp % book)
教程是:Python 程序设计,价格是:0000059.00,出版社是:电子工业出版社
```

从例 5-10 程序可以看到,通过字典可以进行字符串变量批量传递。

5.1.4 字典的遍历

1. 遍历 key 的值

```
>>> scores_dict = {'语文':105,'数学':130,'英语':116}
>>> for key in scores_dict:
    print(key)
语文
数学
英语
```

2. 遍历 value 的值

```
>>> scores_dict = {'语文':105,'数学':130,'英语':116}
>>> for value in scores_dict.values():
        print(value)

105
130
116
```

3. 遍历字典 key-value 对

```
>>> scores_dict = {'语文':105,'数学':130,'英语':116}
>>> for k,v in scores_dict.items():
```

```
        print('科目:',k,'成绩:',v)
科目: 语文 成绩: 105
科目: 数学 成绩: 130
科目: 英语 成绩: 116
```

5.2 集合

Python 中,用集合(set)来表示一个无序不重复元素的序列。可以使用大括号 { } 或 set() 函数创建集合。如果创建一个空集合则必须用 set() 而不是 {},{} 是用来表示空字典类型的。

5.2.1 集合的创建与使用

1. 用 {} 创建集合

集合元素可以是各种不可变类型的数据,可以赋值重复数据,但是集合会去除重复的元素。

```
>>> person = {"student","teacher","babe",23,21,23}
>>> print(len(person))
5
```

上面程序中的集合存放了 6 个数据,长度显示是 5,因为集合会去除重复的元素。

```
>>> print(person)
{'teacher', 'student', 21, 'babe', 23}
```

2. 空集合用 set() 函数表示

表示空集合用 set() 函数,不能用 {}。

```
>>>person1 = set()
>>>print(len(person1))
0
>>>print(person1)
set()
```

3. 用 set() 函数创建集合

用 set() 函数只能传入一个参数,可以是列表、元组等类型。

```
>>>person2 = set(("hello","张三",33,11,33,"李明"))
>>>print(len(person2))
5
>>> print(person2)
{33, 'hello', 11, '张三', '李明'}
```

集合中不能包含字典和列表这样的可变类型元素,会报错。

```
>>> set10 = {'name',19,[1,2,3,2]}
TypeError: unhashable type: 'list'
```

5.2.2 集合的运算

内置函数 len()、max()、min()、sorted() 等也适用于集合，另外，集合还支持数学意义上的交集、并集、差集、补集等运算，如表 5-1 所示。

表 5-1 集合的运算

操作符	描述
S&T	交集，返回一个新集合，包含同时在集合 S 和 T 中的元素
S|T	并集，返回一个新集合，包含集合 S 和 T 中的所有元素
S-T	差集，返回一个新集合，包含在集合 S 中但不在集合 T 中的元素
S^T	补集，返回一个新集合，包含集合 S 和 T 中的元素，但不包含同时在集合 S 和 T 中的元素
S<=T	如果 S 与 T 相同或 S 是 T 的子集，则返回 True，否则返回 False，可以用 S<T 判断 S 是否是 T 的真子集
S>=T	如果 S 与 T 相同或 S 是 T 的超集，则返回 True，否则返回 False，可以用 S>T 判断 S 是否是 T 的真超集

【例 5-11】集合的运算。

```
>>> a_set = {1,2,3,4,5}
>>> b_set = {1,2,6,7,9,8}
>>> print('交集:',a_set&b_set) #交集
交集: {1, 2}
>>> print('并集:',a_set|b_set) #并集
并集: {1, 2, 3, 4, 5, 6, 7, 8, 9}
>>> print('差集:',a_set-b_set) #差集
差集: {3, 4, 5}
>>> print('补集:',a_set^b_set) #补集
补集: {3, 4, 5, 6, 7, 8, 9}
```

【例 5-12】子集运算。

```
>>> a = {1,2,3}
>>> b = {2,3}
>>> c = {1,2,4}
>>> print('b 是否为 a 的子集:',a >= b)
b 是否为 a 的子集: True
>>> print('a 是否为 c 的子集:',a <= c)
a 是否为 c 的子集: False
```

5.2.3 集合的基本操作

Python 提供了众多内置操作集合类型的方法，用于向集合中添加元素、删除元素或复制集合等，常用的方法如表 5-2 所示，其中，S、T 为集合，x 为集合中的元素。

表 5-2 常用操作集合类型的方法

方法	功能描述
S.add(x)	添加元素，如果元素 x 不在集合 S 中，则将 x 增加到 S
S.clear()	清除元素。移除 S 中的所有元素
S.copy()	复制集合。返回集合 S 的一个副本

续表

方　　法	功 能 描 述
S.pop()	随机弹出集合 S 中的一个元素，并在集合中删除该元素。S 为空时产生 KeyError 异常
S.discard(x)	如果 x 在集合 S 中，则移除该元素；x 不存在时，不报异常
S.remove(x)	如果 x 在集合 S 中，则移除该元素；x 不存在时，会产生 KeyError 异常
S.isdisjoint(x)	判断集合中是否存在相同元素。如果 S 与 x 中有相同元素，则返回 False；如果 S 与 x 中没有相同元素，则返回 True

【例 5-13】集合的基本操作方法。

```
>>> s = {1,2,3,4}
>>> s.add(5)              #向集合中添加元素
>>> print(s)
{1, 2, 3, 4, 5}

>>>s.clear()              #清除集合中的元素
>>> print(s)
set()

>>> s = {1,2,3,4,5}
>>> t = s.copy()          #集合元素复制
>>> print(t)
{1, 2, 3, 4, 5}

>>> s.pop()               #弹出集合中的元素
1
>>> print(s)
{2, 3, 4, 5}
>>>s.discard(2)           #移除一个集合元素，没有该元素，也不会报错
>>> print(s)
{3, 4, 5}
>>>s.remove(2)            #移除一个元素，如果该元素不存在，则会报错
KeyError: 2
>>> s = {1,2,3,4,5,6}
>>> x = {5,6,7,8}
>>> s.isdisjoint(x)       #s 与 x 有相同的元素 5、6，返回 False
False
>>> s = {1,2,3}
>>> x = {4,5,6}
>>> s.isdisjoint(x)       #s 与 x 没有相同的元素，返回 True
True
```

5.2.4　不可变集合

不可变集合使用 frozenset() 函数构造。

【例 5-14】不可变集合程序示例。

采用字符串构造不可变集合。

```
>>> str = 'Python'
>>> set3 = frozenset(str)
```

```
>>> print(set3,type(set3))
frozenset({'o', 'y', 'n', 't', 'h', 'P'}) <class 'frozenset'>
```

采用列表构造不可变集合。

```
>>> list1 = [1,2,3]
>>> set4 = frozenset(list1)
>>> print(set4,type(set4))
frozenset({1, 2, 3}) <class 'frozenset'>
```

采用元组构造不可变集合。

```
>>> tup1 = (1,2,3)
>>> set5 = frozenset(tup1)
>>> print(set5,type(set5))
frozenset({1, 2, 3}) <class 'frozenset'>
```

采用集合构造不可变集合。

```
>>> dict1 = {'name','age','love'}
>>> set6 = frozenset(dict1)
>>> print(set6,type(set6))
frozenset({'age', 'name', 'love'}) <class 'frozenset'>
```

5.3 本章小结

字典以一对花括号"{ }"包括，key-value 对以","分隔，键值之间用冒号":"分隔。字典存放的都是有映射关系的数据，字典中的 key-value 对没有先后顺序的概念。字典的 key 可以是任意不可变类型，value 可以是任意数据类型。Python 支持创建字典的 dict() 函数和一些字典的基本操作。

集合用 { } 定义，可以包含一系列不重复的元素。集合内的元素不存在先后顺序，不能通过索引访问集合元素。集合支持 add()、remove()、pop()、max()、min()、sum() 等方法，支持 &、|、-、^ 运算符，分别完成交、并、差、补运算。

在线测试

习题

一、选择题（从 A、B、C、D 四个选项中选择一个正确答案）

1. 以下关于字典的描述，错误的是（　　）。
   A. 字典中元素以键信息为索引访问　　B. 字典中的键可以对应多个信息值
   C. 字典是键值对的集合　　　　　　　D. 字典长度是可变的

2. 以下关于 Python 字典操作的描述，错误的是（　　）。
   A. 使用 dict.clear() 方法可以清空字典中的所有键值对
   B. 通过 len(dict) 可以计算字典中键值对的个数
   C. del 语句可以用来删除整个字典对象或字典中的特定键值对
   D. 调用 dict.keys() 方法会返回一个包含字典所有键的列表

3. 以下关于字典的描述，错误的是（　　）。
   A. 字典类型可以包含列表和其他数据类型，支持嵌套的字典
   B. 字典类型可以在原来的变量上增加或缩短
   C. 字典类型是一种无序的对象集合，通过键存取
   D. 字典类型中的数据可以进行切片和合并操作
4. 以下代码，正确定义了一个集合数据对象的是（　　）。
   A. x = {200, 'flg', 20.3}   B. x = {'flg': 20.3}
   C. x =（200, 'flg' , 20.3）   D. x = [200, 'flg', 20.3]
5. 以下代码的输出结果是（　　）。

```
d = {"大海":"蓝色","天空":"灰色","大地":"黑色"}
print(d["大地"],d.get("大地","黄色"))
```

   A. 黑色 灰色   B. 黑色 蓝色   C. 黑色 黑色   D. 黑色 黄色
6. 字典 d = {'name': 'kate', 'NO': 1001, 'age': 20}，表达式 len(d) 的值为（　　）。
   A. 12   B. 9   C. 6   D. 3
7. （　　）不是建立字典的方式。
   A. d = {[1,2]:1,[3,4]:3}   B. d = {(1,2):1,(3,4):3}
   C. d = {'张三': 1, "李四": 3}   D. d = {a:[1,2],2:[3,4]}

二、编程题（按照题目要求，编写程序代码）

1. 基于表 5-3 创建一个国家（键）和语言（值）映射的词典 nations，完成如下操作。
   （1）显示字典的所有键。
   （2）显示字典的所有值。
   （3）显示字典的所有项。
   （4）获取键 'France' 对应的值。
   （5）创建一个新字典 {'Spain': 'Spanish', 'Japan': 'Japanese'}，将其加入字典 nations 中。

表 5-3　国家和语言的映射关系

国　　家	语　　言
China	Chinese
USA	English
France	French
Germany	German

2. 已知有三位学生参加主题演讲的记录列表如下。

```
names = ['xiaoma','xiaowang','xiaoma','xiaoliu','xiaoma','xiaoliu']
```

请统计每个学生参加活动的次数并记录到字典中。结果如下（顺序不作要求）。

```
{'xiaowang':1,'xiaoma':3,'xiaoliu':2}
```

3. 创建一个字典 users，字典中保存了某个网站已经注册的账号（用户名和密码对），查找是否存在用户 xiaoming，若用户名存在则输出其密码，否则输出 not found。

4. 已知有两个集合 footballSet 和 basketballSet，分别存储选择了足球兴趣小组和篮球兴趣小组的学生姓名，请自行构建集合数据，计算并输出如下信息。

（1）选了两个兴趣小组的学生姓名和人数。

（2）仅选了一个兴趣小组的学生姓名和人数。

第 6 章

函数和代码复用

CHAPTER **6**

本章要点
- 函数的定义及使用
- 函数的参数
- 变量的作用域
- 常用的内置函数
- 匿名函数
- 函数的递归
- 闭包与装饰器

6.1 函数的定义及使用

函数是对特定功能的封装，是可以重复使用的代码片段，利用函数可以提高代码的重用率，进而提升开发的效率。函数的定义格式如下。

```
def  函数名()
    函数体
```

编程语言的函数命名一般采用单词之间以下画线隔开的形式，Python 中的函数命名可以采用这种形式，也可以采用英文单词首字母大写的形式，如 UserName、userName。

【例 6-1】函数的定义程序示例。

```
def func():
    print('Python 程序设计 ')
    return "abc", 4444
    print("hello ")        #该行不会被执行

res = func()               #调用函数语句,将函数的返回值保存到 res 中
print(res)
```

运行结果如下：

```
Python 程序设计
('abc', 44)
```

例 6-1 中的程序定义了一个函数 func()，def 是定义函数的关键字，func 是函数名称，func 后面的括号中可以填写函数的参数。函数中的 return 语句返回结果（'abc', 44），多个数据返回时为元组类型，return 语句执行后，函数运行结束，return 语句后面的 print("hello") 不会被执行。

6.2 函数的参数

6.2.1 位置参数

函数有形参和实参，形参一般在函数定义时出现，指的是参数的名称，而不代表参数具体的值，即形式参数。实参一般在函数调用时出现，指的是参数具体的值，即实际参数。当调用函数时，需要将实参传递给形参，在这一过程中按位置顺序进行传递的参数称为位置参数。

【例 6-2】函数的位置参数。

```
def add_num(a, b, c):        #a,b 是形参,没有真正的值,用于接收实参
    return a + b - c
res1 = add_num(67, 12, 1)    #此时传入的 67、12、1 是实参,按位置顺序进行传递
print(res1)
```

运行结果如下：

78

例 6-2 的程序中,第 1 行定义了一个函数 add_num(),其中 a、b、c 为形参。第 3 行调用函数 add_num(),其中 67、12、1 为实参,也是位置参数,按照位置顺序进行传递,67 传递给 a,12 传递给 b,1 传递给 c。

6.2.2 默认参数

在定义函数时给参数添加的默认值称为默认参数。如果在调用函数时没有传入参数,函数就会使用默认值,不会像普通参数那样报错。

【例 6-3】函数的默认参数程序示例。

```
def default_value(name, age = 19):
    print("我的名字是:", name)
    print("我今年:", age, "岁")

default_value("李明")
```

运行结果如下。

```
我的名字是:李明
我今年:19 岁
```

例 6-3 的程序中,第 1 行定义了一个函数,函数名是 default_value,有 2 个参数:name 为位置参数,age = 19 为默认参数。第 4 行调用函数,"李明" 为实参,用来传递给 name,此时没有给 age 传递参数值,函数就用 age = 19 这个默认参数。如果在调用函数时,给 age 传递了一个值,则函数采用实参的 age 值。

注意,默认参数必须定义在最后,在默认参数之后定义参数会报错。

【例 6-4】默认参数在位置参数前面的程序示例。

```
def default_value(age = 18, name):
    print("我的名字是:", name)
    print("我今年:", age, "岁")

default_value(name = "李明")
```

运行结果如下。

```
SyntaxError: non-default argument follows default argument
```

例 6-4 的程序运行报错,这一运行结果表明,默认参数需要放在函数定义的最后。

【例 6-5】默认参数的不同应用程序示例。

```
def student_score(name, score = 60, location = "四川"):
    print("姓名:", name)
    print("成绩:", score)
    print("地区:", location)

print("----- 传递所有参数 -----")
student_score("张明", 100, "湖北")
```

```
print("----- 不传递最后一个参数 -----")
student_score(" 王强 ", 80)
print("----- 不传递成绩 -----")
student_score(" 李名 ", location = " 福建 ")
print("----- 只传递位置参数 -----")
student_score(" 赵东 ")
print("----- 只传递关键字参数 -----")
student_score(name = " 孙鹏 ")
```

运行结果如下。

```
----- 传递所有参数 -----
姓名：张明
成绩：100
地区：湖北
----- 不传递最后一个参数 -----
姓名：王强
成绩：80
地区：四川
----- 不传递成绩 -----
姓名：李名
成绩：60
地区：福建
----- 只传递位置参数 -----
姓名：赵东
成绩：60
地区：四川
----- 只传递关键字参数 -----
姓名：孙鹏
成绩：60
地区：四川
```

例 6-5 的程序中，第 1 行定义了一个函数，函数名为 student_score，name 为位置参数，score = 60, location = " 四川 " 为默认参数。第 6 行传递所有参数，函数的形参被赋值为实参值。第 8 行不传递最后一个参数，函数使用默认参数 location = " 四川 "。第 10 行不传递 score 参数，函数使用默认参数 score = 60。第 12 行只传递位置参数，其他参数函数使用默认参数。第 14 行传递关键字参数 name = " 孙鹏 "，其他参数函数使用默认参数。

通过例 6-5 可以看出，默认参数非常有用，它可以帮助软件开发人员少写代码。如果有许多地方需要调用函数、但是部分参数的值又相同时，默认参数就非常有用。

6.2.3 关键字参数

在调用函数时，按参数名进行传递的参数称为关键字参数。

【例 6-6】关键字参数应用程序示例。

```
def func(a, b, c):
    return a+b+c
res1 = func(a = 1, c = 3, b = 2)          #关键字参数
print(res1)
res2 = func(30, c = 12, b = 12)           #参数混用时，位置参数写在最前面，关键字参数写在后面，
                                          # 不能重复传递参数
```

```
print(res2)
```

运行结果如下。

```
6
54
```

在例 6-6 中，第 3 行调用 func(a=1, c=3, b=2) 时，参数 a 会被赋值为 1，参数 c 会被赋值为 3，参数 b 会被赋值为 2。注意，参数名的顺序可以与函数定义时形参位置不同，但是在调用时必须指定所有参数的名称。第 5 行混合使用位置参数和关键字参数，注意，关键字参数需要写在最后的位置。

使用关键字参数，可以让函数调用更加清晰易懂，尤其是函数有很多参数时。

6.2.4 可变参数

在 Python 中，函数的可变参数又称不定长参数，其定义可变参数主要有两种形式，分别是形参前添加一个 * 或形参前添加两个 **。

1. *args 可变参数

*args 可变参数的用法是创建一个名为 args 的空元组，该空元组可以接收任意多个外部传入的非关键字实参。实参必须以非关键字参数的形式传递，Python 解释器会优先将所有参数传递给可变参数。

【例 6-7】*args 可变参数应用程序示例。

```
def myprint(title, *contents):
    print(title,":")
    for x in contents:
        print("\t",x)

myprint("Read-only data types", "int", "float", "str", "tuple", "bytes", "...")
```

运行结果如下。

```
Read-only data types :
    int
    float
    str
    tuple
    bytes
    ...
```

例 6-7 的程序中，*contents 为形参，可以接收任意数量的实参，实参以元组形式传递给 contents。在一个函数中，带 * 号的形参只能有一个，且只能放在最后。

【例 6-8】*args 分配参数应用程序示例。

```
def myprint(title, name, gender, age, salary):
    print(title,":")
    print("\tname:\t",name)
```

```
    print("\tage:\t",age)
    print("\tsalary:\t",salary)

dora = ("Dora's Info", 'Dora Chen', 'female',26,3200)
myprint(*dora)
```

运行结果如下。

```
Dora's Info :
    name:     Dora Chen
    age:      26
    salary:   3200
```

在例 6-8 中，函数调用时，实参前加一个星号（*），表明该实参是一个元组，元组内的元素将逐一分配给位置形参。

2. **args 可变参数

**args 可变参数的用法是创建一个名为 args 的空字典，该字典可以接收任意多个以关键词参数传递的实际参数。

【例 6-9】**args 可变参数应用程序示例。

```
def myprint(title, **contents):
    print(title,":")
    for k,v in contents.items():
        print("\t", k+":\t", v)
    print(type(contents))
myprint("Dora's Information", name = "Dora Chen", age = 26, salary = 3200)
```

运行结果如下。

```
Dora's Information :
    name:     Dora Chen
    age:      26
    salary:   3200
<class 'dict'>
```

两个星号（**）跟随的形参只接收关键字参数。contents 在函数内表现为字典形式，其中，关键字为键，实参为值。

【例 6-10】**args 分配参数应用程序示例。

```
def myprint(title, name, gender, age, salary):
    print(title,":")
    print("\tname:\t",name)
    print("\tage:\t",age)
    print("\tsalary:\t",salary)
dora2 = dict(name = "Dora Chen", age = 26, gender = 'female',salary = 3200)
myprint("Dora's Info", **dora2)
```

运行结果如下。

```
Dora's Info :
    name:     Dora Chen
```

```
age:     26
salary:  3200
```

在例 6-10 函数调用时，实参前加两个星号（**），表明该实参是一个字典，字典内的 key 对应形参名，实参以 key-value 对的形式将 value 值分配给形参。

6.2.5 序列解包

序列解包可用于元组、列表、字典。可以使用序列解包功能对多个变量同时赋值。

【例 6-11】序列解包程序示例。

```
>>> x, y, z = 1, 2, 3              #对多个变量同时赋值
>>> print(x,y,z)
1 2 3
>>> v_tuple = (False, 3.5, 'exp')
>>> (x, y, z) = v_tuple
>>> print(x,y,x)
False 3.5 False
>>> x, y, z = v_tuple
>>> print(x,y,z)
False 3.5 exp
>>> x, y, z = range(3)              #对 range 对象进行序列解包
>>> print(x,y,z)
0 1 2
>>> x, y, z = iter([1, 2, 3])       #使用迭代器对象进行序列解包
>>> print(x,y,z)
1 2 3
>>> x, y, z = map(str, range(3))    #使用可迭代的 map 对象进行序列解包
>>> print(x,y,z)
0 1 2
>>> a = 1
>>> b = 10
>>> print(a,b)
1 10
>>> a, b = b, a                     #交换两个变量的值
>>> print(a,b)
10 1
>>> x, y, z = sorted([1, 3, 2])     #sorted()函数返回排序后的列表
>>> print(x,y,z)
1 2 3
>>> a, b, c = 'ABC'                 #字符串也支持序列解包
>>> print(a,b,c)
A B C
```

在字典中使用序列解包时，默认情况下是对 key 的操作。如果需要对 key 和 value 操作，则需要使用 items() 方法，如果需要对 value 操作，则需要使用 value() 方法。

【例 6-12】字典序列解包程序示例。

```
>>> person = {
    "name":"李明",
    "age":22,
    "hobby":"阅读"
```

```
}
>>> a,b,c = person
>>> print(a, b, c)
name age hobby
>>> a,b,c = person.items()
>>> print(a, b, c)
('name', '李明') ('age', 22) ('hobby', '阅读')
>>> a,b,c = person.values()
>>> print(a, b, c)
李明 22 阅读
```

序列解包并不限于列表和元组，而是适用于任意序列类型（甚至包括字符串和字节序列）。只要赋值运算符左边的变量数目与序列中的元素数目相等，就可以用序列解包将元素序列赋值给另一组变量。

序列解包还可以利用 * 表达式获取单个变量中的多个元素，但要保证解释没有歧义。

【例 6-13】用 * 表达式获取单个变量中的多个元素。

```
>>> a, b, *c = 0, 1, 2, 3
>>> print('a = ',a,'b = ',b,'c = ',c)
a = 0 b = 1 c = [2, 3]
>>> a, *b, c = 0, 1, 2, 3          #获取中间部分
>>> print('a = ',a,'b = ',b,'c = ',c)
a = 0 b = [1, 2] c = 3
>>> a, *b, c = 0, 1                #如果左值比右值要多，那么带 * 的变量默认为空值
>>> print('a = ',a,'b = ',b,'c = ',c)
a = 0 b = [] c = 1
```

6.2.6 函数的返回值

函数返回值，就是程序在函数调用完成后返回给调用者的结果。想要函数把执行结果返回给调用者，就需要在函数中使用 return 语句。

函数的返回值，语法格式为：return 表达式。

（1）函数的返回值是由 return 语句决定的，返回值可以是一个表达式。

（2）如果函数中没有 return 语句，那么函数的返回值默认为 None。

（3）return 后面没有任何内容，返回值也是 None。

（4）函数要返回多个数据，可以采用在 return 后面将每个数据用逗号隔开的形式，调用函数之后返回值是元组形式的数据。

注意：return 语句可以用于返回结果，也可以用于结束函数的运行，只要函数执行到 return 语句，就直接返回对应内容，不再执行 return 语句后面的代码。

调用函数的语法格式为：函数名()。

例 6-14 展示了 return 语句的使用示例。

【例 6-14】函数返回值程序示例。

```
def add2num(a, b):
    c = a+b
    return c
num = add2num(10,2)
print(num)
```

运行结果如下。

```
12
```

在 Python 中函数可以返回多个值，如例 6-15 所示。

【例 6-15】用 return 语句返回多个值程序示例。

```python
def divid(a, b):
    shang = a//b
    yushu = a%b
    return shang, yushu

sh, yu = divid(5, 2)
print(sh,yu)
```

运行结果如下。

```
2 1
```

6.3 变量的作用域

变量的作用域指的是变量的生效范围，在 Python 中共有两种作用域，全局作用域和函数作用域。

全局作用域在程序执行时创建，在程序执行结束时销毁。所有函数以外的区域都是全局作用域。在全局作用域中定义的变量是全局变量，在程序的任意位置都可以被访问。

函数作用域在函数调用时创建，在调用结束时销毁。函数每调用一次就会产生一个新的函数作用域（不调用则不产生）。在函数作用域中定义的变量是局部变量，只能在函数内部被访问。

6.3.1 全局变量

全局变量是在函数体内、外都能生效的变量。如果有一个数据，在函数 A 和函数 B 中都要使用，就需要将这个数据存储在一个全局变量中。

【例 6-16】全局变量程序示例。

```python
a = 100              #定义全局变量a
def testA():
    print(a)         #访问全局变量a,并打印变量a存储的数据
def testB():
    print(a)         #访问全局变量a,并打印变量a存储的数据

testA()              #100
testB()              #100
```

运行结果如下。

```
100
100
```

a=100 定义在函数 testA() 和函数 testB() 的外部,变量 a 为全局变量。

6.3.2 局部变量

局部变量是定义在函数体内部的变量,只在函数体内部生效。在函数中为变量赋值时,默认是为局部变量赋值,局部变量不会影响函数外的变量。

【例 6-17】局部变量程序示例。

```
def testA():
    a = 100         #局部变量 a
    print(a)        #函数体内部能访问变量 a
testA()             #100
print(a)            #访问局部变量 a
```

运行结果如下:

```
100
NameError: name 'a' is not defined
```

变量 a 是定义在 testA() 函数内部的变量,在函数外部访问则会报错。局部变量作用于函数体内部,用于临时保存数据,函数调用完成后会销毁局部变量。例如,testB() 函数将变量 a 的值修改为 200,示例程序如下。

【例 6-18】变量值的修改程序示例。

```
a = 100
def testA():
    print(a)
def testB():
    a = 200
    print(a)
testA()                         #100
testB()                         #200
print('全局变量 a = ',a)         #全局变量 a = 100
```

运行结果如下。

```
100
200
全局变量 a = 100
```

testB() 函数内部执行的 a = 200 是在修改局部变量 a 的值,不会影响全局变量 a 的值。因此最后一行打印输出的 a 的值仍然是 100,全局变量 a 的值没有改变。

6.3.3 global 关键字

使用 global 关键字可以在函数体内部修改全局变量,例 6-19 给出了有关程序示例。

【例 6-19】用 global 关键字修改全局变量的程序示例。

```
a = 100
```

```
def testA():
    print(a)
def testB():
    global a                    #用global关键字声明a是全局变量
    a = 200                     #将全局变量a的值修改为200
    print(a)
testA()                         #100
testB()                         #200
print('全局变量a = ',a)         #打印输出全局变量a的值
```

运行结果如下。

```
100
200
全局变量a = 200
```

global关键字的作用是在函数内部将一个变量声明为全局变量。

在函数内部直接对变量a赋值，不是对全局变量a的修改，而是在函数内部声明了一个新的局部变量a，只是名字与全局变量a相同。在函数内部修改全局变量a应先用global关键字声明，再对变量赋值。

6.4 Python常用的内置函数

Python的内置函数有很多，本节介绍一些常用的内置函数。

1. dir()

含义：返回参数的属性、方法列表，可以查看某个对象的属性和方法。

用法：dir（list），返回列表对象的属性和方法。dir（tuple），返回元组对象的属性和方法。函数的参数为需要显示的对象。

2. open()

含义：用于打开一个文件，创建一个file对象，以便相关方法调用进行读写。

用法：open（name[, mode[, buffering]]）。

name：文件名称。

mode：打开文件的模式，常见的模式有w（写入）、r（只读）、a（追加）。这个参数是非强制的，默认为只读模式。

例如，f=open("d:/ch6_4.txt", 'w')表示在D盘上打开文件ch6_4.txt，当文件不存在时，创建该文件。

3. enumerate()

含义：用于将一个可遍历的数据对象（如列表、元组或字符串）组合为一个索引序列，同时列出数据和数据索引，一般与for循环结合使用。

用法：enumerate（sequence, [start=0]）。

sequence：一个序列、迭代器或其他支持迭代对象。

start：索引起始位置的值。

【例 6-20】enumerate() 函数的应用示例。

```
t = list('hello')
for a in enumerate(t):
    print(a)
```

运行结果如下：

```
(0, 'h')
(1, 'e')
(2, 'l')
(3, 'l')
(4, 'o')
```

4. isinstance()

含义：判断一个对象是否是某个已知的类型，类似 type() 函数。

用法：isinstance（object, classinfo）。

object：实例对象。

classinfo：类别信息，可以是直接或间接类名、基本类型及由它们组成的元组。

```
>>> a = 10
>>> isinstance (a,str)              #a 不是字符串, 返回 False
False
>>> isinstance (a,int)              #a 是整数, 返回 True
True
>>> isinstance (a,(str,int,list))   #a 是整数, 元组中有整数, 返回 True
True
```

5. id()

含义：返回对象的唯一标识符，标识符是一个整数。

用法：id（object），object 为对象名，函数返回一个对象的唯一标识，用法如下。

```
>>> t = [1,2,3,4]
>>> id(t)
40409984
>>> r = 3.14
>>> id(r)
45616400
```

6. frozenset()

含义：创建不可变集合，返回一个冻结的集合，冻结后集合不能再添加或删除任何元素。有时需要将集合作为另一个集合的元素，但是普通集合本身是可变的，且集合中的元素必须是不可变类型，此时就可以使用 frozenset() 函数创建不可变集合，再将其放在另一个集合中。

用法：frozenset([iterable])，iterable 为可迭代对象，如字典、列表、元组、字符串等。

```
>>> b = frozenset('runoob')        #创建不可变集合
```

```
>>> b
frozenset({'n', 'o', 'b', 'r', 'u'})
>>> b.add(5)                          #不可变集合不能添加元素
AttributeError: 'frozenset' object has no attribute 'add'
```

7. zip()

含义：zip() 函数以可迭代的对象为参数，用于将对象中对应的元素打包成一个个元组，并返回由这些元组组成的新的可迭代对象。一般会用 list() 函数输出为列表。

用法：zip([iterable 1, iterable 2, ···]), iterable 1, iterable 2, ···为要打包的可迭代对象。

```
>>> print(list(zip([1,2,3],[2,3,4])))
    [(1, 2), (2, 3), (3, 4)]
>>> print(dict(zip(['a','b','c'],[2,3,4])))
{'a': 2, 'b': 3, 'c': 4}
```

zip（*）可理解为解压，返回二维矩阵式。

```
>>> aa = [(1, 2), (2, 3), (3, 4)]
>>> a,b = zip(*aa)
>>> print(a)
    (1, 2, 3)
>>> print(b)
    (2, 3, 4)
```

8. round()

含义：round() 函数返回将浮点数进行四舍五入运算后的近似值。

用法：round(x [, n])

x 表示进行运算的数字。

n 表示对 x 进行四舍五入后需要保留的小数点位数，默认值为 0。

```
>>> print("round(70.23456) : ", round(70.23456))
    round(70.23456) :  70
>>> print("round(56.659,1) : ", round(56.659,1))
    round(56.659,1) :  56.7
```

6.5 匿名函数

lambda 表达式，又称匿名函数，常用来表示函数体内部仅包含 1 行表达式的函数。如果一个函数的函数体仅有 1 行表达式，则该函数就可以用 lambda 表达式来代替。

lambda 表达式的语法格式如下。

```
name = lambda [list] : 表达式
```

定义 lambda 表达式，必须使用 lambda 关键字。[list] 作为可选参数，表示定义函数时指定的参数列表。name 为该表达式的名称。该语法格式转换成普通函数的形式如下。

```
def name(list):
    return 表达式
name(list)
```

使用普通方法定义此函数，需要 3 行代码，而使用 lambda 表达式仅需要 1 行。如果设计一个求两个数之和的函数，使用普通方法的代码如下。

```
>>> def add(x, y):
    return x+ y
>>> print(add(3,4))
```

运行结果如下。

7

由于上面程序中的 add() 函数内部仅有 1 行表达式，因此该函数可以直接用如下的 lambda 表达式表示。

```
>>> add = lambda x,y:x+y
>>> print(add(3,4))
```

运行结果如下。

7

可以这样理解，lambda 表达式就是简单函数（函数体仅是单行的表达式）的简写版本。相比函数，lambda 表达式具有以下两个优势。

（1）对于单行函数，使用 lambda 表达式可以省去定义函数的过程，使代码更加简洁。

（2）对于不需要多次复用的函数，使用 lambda 表达式可以在用完后立即释放存储空间，提高程序执行的性能。

6.6 函数的递归

递归函数就是一个函数内部调用自己。函数内部可以调用其他函数，也可以调用自己。

递归函数代码的特点如下。

（1）函数内部的代码是相同的，只是针对参数不同，处理的结果不同。

（2）当参数满足某个条件时，函数不再执行，这个条件通常被称为递归的出口，递归必须有出口，否则会出现死循环。

【例 6-21】递归函数程序示例。

```
def sum_number(num):
    print(num)
    if num == 1:          #递归的出口
        return
    sum_number(num - 1)   #自己调用自己

sum_number(3)
```

运行结果如下。

```
3
2
1
```

【例 6-22】设计函数接收一个整数参数 num，计算从 1 到 num 的整数累加的和。

```
def sum_numbers(num):              #定义一个函数 sum_numbers,能够接收一个整数参数 num
    if num == 1:                   #递归的出口
        return 1
    temp = sum_numbers(num - 1)    #用于保存递归中间过程的结果
    return num + temp              #返回两个数字相加的结果

result = sum_numbers(10)
print(result)
```

运行结果如下。

```
55
```

6.7 闭包与装饰器

Python 中的闭包从表现形式上定义为：在一个函数内部对外部作用域（但不是全局作用域）的变量进行引用，那么这个内部函数就被认为是闭包。闭包是在函数嵌套的基础上，内层函数用到外层函数的变量，而外层函数返回内层函数的引用的一种语法格式。

Python 中函数名是一个特殊的变量，它可以作为另一个函数的返回值，而闭包就是一个函数返回另一个函数后，其内部的局部变量还被另一个函数引用。闭包的作用就是让一个变量能够常驻内存。

【例 6-23】闭包的基本实现程序示例。

```
def outer():
    num = 10
    def inner():
        print(num)
    return inner
f = outer()
f()
```

运行结果。

```
10
```

这段 Python 代码展示了闭包的一个基本实现。闭包是一种编程概念，它允许一个函数记住并访问其外部作用域中的变量，即使外部函数已经执行完毕。在 Python 中，闭包通常通过嵌套函数来实现。程序代码含义如下。

（1）定义一个名为 outer 的函数，它没有参数。

（2）在 outer 函数内部，定义一个变量 num 并赋值为 10。

(3)在 outer 函数内部定义一个名为 inner 的嵌套函数。这个嵌套函数没有参数,并且当调用时,它会打印外部作用域中的变量 num 的值。

(4)outer 函数通过 return inner 返回其内部定义的 inner 函数,而不是返回 num 的值或其他值。

(5)在全局作用域中,创建了一个名为 f 的变量,并将调用 outer 函数的结果赋给 f。由于 outer 返回的是 inner 函数,所以 f 现在引用了这个嵌套的 inner 函数。

(6)最后,调用 f(),这实际上是调用了 outer 函数返回的 inner 函数。由于 inner 函数能够访问其外部作用域中的变量 num,它将打印出 num 的值,即 10。

闭包在需要存储和操作外部作用域数据时非常有用,如在创建带有持久状态的函数时。

【例 6-24】普通装饰器的实现示例。

```
def decorator(func):
    def inner(*args,**kwargs):
        ret1 = func()
        print("hello python")
        return ret1
    return inner

@decorator
def show():
    print('show run....')
ret = show()
```

运行结果如下。

```
show run....
hello python
```

这段 Python 代码展示了如何实现一个普通装饰器。装饰器是一种设计模式,用于修改其他函数或方法的行为,而无须更改其实际代码。它们通常用于增强函数的功能。

这段代码含义如下。

(1)定义一个名为 decorator 的函数,它接收一个函数 func 作为参数。

(2)在 decorator 函数内部,定义了一个名为 inner 的嵌套函数。这个嵌套函数接收任意数量的位置参数(*args)和关键字参数(**kwargs),这使得它能够接收任何传入的参数并将其传递给 func。

(3)当调用 inner 函数时,首先会调用传入的 func() 函数,并将结果保存在变量 ret1 中。

(4)inner 函数打印出字符串 "hello python"。并返回 func() 函数的返回值 ret1。

(5)decorator 函数通过 return inner 返回其内部定义的 inner 函数。

(6)使用 @decorator 语法将 decorator 装饰器应用于 show 函数。这实际上是将 show 函数作为参数传递给 decorator 函数,并将 decorator 函数返回的 inner 函数赋值给 show 函数。这意味着,以后每次调用 show 函数时,实际上是在调用 decorator 装饰器返回的 inner 函数。

(7)定义了一个名为 show() 的函数,它没有参数。当调用 show 函数时,它会打印出字符串 "show run...."。

(8)在全局作用域中,调用了被装饰后的 show 函数,并将返回值赋给变量 ret。

这表明，当调用被装饰后的 show() 函数时，首先会执行 show() 函数内部的逻辑，然后执行装饰器 decorator 中 inner 函数的逻辑。装饰器允许在不修改 show() 函数代码的情况下，为其添加额外的功能（在这个例子中是打印 "hello python"）。

装饰器是 Python 中一个非常强大且常用的特性，提供了一种灵活且可重用的方式来增强函数的功能。装饰器不修改原函数的定义，而使原函数在运行时动态增加功能的方式。简单地说，装饰器是修改其他函数的功能的函数。

6.8 本章小结

本章详细介绍了函数的内容。函数是把需要重复执行的功能抽象并封装的代码段。一个函数由输入、处理、输出三部分组成。函数定义的作用是向解释器介绍函数的名称、参数和执行内容。实参到形参的传递相当于变量赋值，是将实参和形参绑定到同一个对象上。当参数传递的是只读类型对象时，形参的改变不会影响实参的值。当参数传递的是可修改类型对象时，形参的改变会影响实参的值。*args 可以接收任意数量的实参，这些实参被组织成一个元组。**args 表明实参是一个字典，字典内的 key-value 对将按名称分配给形参。全局变量是定义在函数外部的变量。函数内部定义的变量属于局部变量，作用域为函数内部。自己调用自己的函数称为递归函数，递归一般有递归结束条件。递归只能解决规模很小的问题，不要在大规模问题中使用递归。

习题

在线测试

一、选择题（从 A、B、C、D 四个选择中选出一个正确答案）

1. 以下关于函数的描述，错误的是（　　）。
   A. 函数使用 del 语句定义一个函数
   B. 函数能够完成特定的功能，对函数的使用不需要了解函数内部的实现原理，只需要了解函数的输入输出方式即可
   C. 函数是一段具有特定功能的、可重复使用的语句组
   D. 使用函数的主要目的是降低编程难度和代码复用

2. 以下程序的输出结果是（　　）。

```
ab = 4
def myab(ab, xy):
    ab = pow(ab,xy)
    print(ab,end = " ")
myab(ab,2)
print(ab)
```

   A. 4　4　　　　　B. 16　16　　　　　C. 4　16　　　　　D. 16　4

3. 以下程序的输出结果是（　　）。

```
def fun1(a,b,*args):
    print(a)
```

```
    print(b)
    print(args)
fun1(1,2,3,4,5,6)
```

  A. 1   B. 1,2,3,4,5,6   C. 1   D. 1
   2   2   2
   [3,4,5,6]   3,4,5,6   （3,4,5,6）

4. 以下程序的输出结果是（　　）。

```
def func(a,*b):
    for item in b:
        a += item
    return a
m = 0
print(func(m,1,1,2,3,5,7,12,21,33))
```

  A. 33   B. 0   C. 7   D. 85

二、编程题（按照题目要求，编写程序代码）

1. 请编写一个函数 cacluate，可以接收任意多个数，函数返回一个二元组：第一个值为所有参数的平均值，第二个值是大于平均值的所有数。以输入 12、13、14、15、16 为例，调用 cacluate 函数。

2. 完成猜数字游戏代码，并说明程序的设计思路。在程序中预设一个 0~9 的整数，让用户通过键盘输入所猜的数字，如果大于预设的数，显示"你猜的数字大于正确答案"，如果小于预设的数，显示"你猜的数字小于正确答案"，如此循环，直至猜中该数，显示"你猜了 N 次，猜对了，真厉害"。其中 N 是用户输入数字的次数。

3. 在代码模板中定义一个字典，key 是员工的姓名，value 是由部门和工资构成的列表，用逗号隔开。显示人员的工资和部门信息，不能够显示最高工资的信息。

```
members = {'张三':['人力部',5500],
'李四':['后勤部',4500],
'王三':['市场部',6500],
'赵六':['开发部',8500]
}
```

4. 计算斐波那契数列的值，具体功能如下。

（1）获取用户输入整数 N，其中，N 为正整数。

（2）计算斐波那契数列的值。

如果将斐波那契数列表示为 fbi（N），对于整数 N，其值如下。

fbi(1) 和 fbi(2) 的值是 1，当 $N>2$ 时，fbi(N) = fbi($N-1$) + fbi($N-2$)，请采用递归方式编写。

5. 随机密码生成，以整数 17 为随机数种子，获取用户输入整数 N 为长度，产生 3 个长度为 N 位的密码，密码的每位是一个数字。每个密码单独一行输出。产生密码采用 random.randint() 函数。

6. 连续质数计算，获得用户输入数字 N，计算并输出从 N 开始的 5 个质数，单行输出，质数间用逗号分隔。需要考虑用户输入的数字 N 可能是浮点数，应对用户输入数字取整数，最后一个输出后不用逗号。

第7章

面向对象程序设计

CHAPTER 7

本章要点
- 面向对象概述
- 类与对象
- 属性与方法
- 继承和多态
- 访问限制

7.1 面向对象概述

早期的计算机编程方法是基于面向过程的,例如,实现算术运算 1+1+2 = 4,通过设计一个算法就可以解决当时的问题,这种编程方法称为面向过程编程方法。随着计算机技术的不断提高,计算机被用于解决越来越复杂的问题,需要面向对象编程技术才能更好地解决这些问题。面向对象编程方法是把相关的数据和方法组织为一个整体看待,从更高的层次进行系统建模,更贴近事物的自然运行模式。

通过面向对象的方式,将现实世界的事物抽象成对象,现实世界中的关系抽象成类、继承,帮助开发人员实现对现实世界的抽象与数字建模。通过面向对象的方法,更有利于用人理解的方式对复杂系统进行分析、设计与编程。同时,面向对象能有效提高编程的效率,通过封装技术、消息机制可以像搭积木一样快速开发出一个全新的系统。面向对象是一种程序设计范型,同时也是一种程序开发的方法。

一切事物皆对象,对象是类的具体化实现,类是对象的抽象。将对象作为程序的基本单元,将对象的属性和方法封装在类中,以提高程序的可重用性、灵活性和可扩展性。

7.1.1 面向过程和面向对象

1. 面向过程

面向过程是以过程为中心的编程思想,采用结构化设计的方法求解问题,其基本策略是从功能的角度审视问题域。它将应用程序看成实现某些特定任务的功能模块,其中子过程是实现某项具体操作的底层功能模块。在每个功能模块中,用数据结构描述待处理数据的组织形式,用算法描述具体的操作过程。

面向过程的优缺点如下。

(1)优点:性能比面向对象高,因为类调用时需要实例化,比较消耗资源。例如,Linux/Unix 等的性能是最重要的因素,一般采用面向过程开发;很多驱动、单片机开发,涉及硬件图形渲染、算法封装等,都会采用面向过程开发。

(2)缺点:①复用性较低,因为面向过程是逐步进行功能实现的;②代码维护更改性低,在面向过程编程中没有面向对象的封装方法,如果出现问题需要针对全局进行逐步代码分析。

2. 面向对象

面向对象是一种对现实世界理解和抽象的方法,面向对象程序设计是尽可能地模拟人类的思维进行软件开发。这样的方式能够让开发的软件更加符合人类的认知,人们使用起来也能够更加顺手,通过应用软件能够切实地解决现实生活中的问题。面向对象程序设计将描述问题的问题空间和问题的解决方法空间组合在一起,并且尽可能地保持一致,能够将客观世界中的抽象问题转化为具体的问题对象。

面向对象编程的主要思想是把构成问题的各个事务分解成各个对象,建立对象不是为了完成一个步骤,而是为了描述一个事物在整个解决问题的步骤中的行为。面向对象程序设计中的概念主要包括对象、类、数据抽象、继承、动态绑定、数据封装、多态性、消息传递。项目程序代码以类为单位，方法从属于类。通过这些概念，面向对象的思想得到了具体的体现。

面向对象的思维更符合人的认识和思考问题的方式，面向对象的表示更接近客观世界，表示方案更加自然，易于理解。面向对象技术具有良好的模块性、可维护性、可扩充性和可重用性等特点。

面向对象优缺点如下。

（1）优点有以下几方面。

① 易维护，代码可读性好，面向对象程序设计比较容易读懂业务逻辑。

② 易复用，需要时可以实例化类成为对象，可实例化，可继承，可封装。

③ 易扩展，可多态，可以自己重写实例化方法。允许一个对象的多个实例同时存在，而且彼此之间不会相互干扰。

④ 由于面向对象有封装、继承、多态性的特性，因此可以设计出低耦合的系统，使系统更加灵活、更加易于维护。

⑤ 安全性较高，在复用时直接调用封装好的方法即可，可以避免不必要的更改引起的错误。

（2）缺点：其程序处理的效率比较低，代码容易冗余。

面向过程和面向对象都是解决实际问题的一种思维方式，二者相辅相成，并不是对立的。解决复杂问题，通过面向对象方式便于从宏观上把握事物之间复杂的关系、方便分析整个系统。具体到微观操作，仍然可以使用面向过程方式处理。

7.1.2　面向对象的基本概念

类：类是具有相同特性（数据元素）和行为（功能）的对象的抽象。因此，对象的抽象是类，类的具体化就是对象，即类的实例是对象。类具有属性，它是对象的状态的抽象，用数据结构来描述类的属性。类具有操作，它是对象的行为的抽象，用操作名和实现该操作的方法来描述。类实际上是一种数据类型，类映射的每一个对象都具有这些数据和操作方法。

对象：对象的含义是具体的某个事物，即在现实生活中能够看得见、摸得着的事物。在面向对象程序设计中，对象指的是系统中的某个成分。对象包含两个含义，其中一个是数据，另外一个是动作。对象则是数据和动作的结合体。对象不仅能够进行操作，同时还能够及时记录下操作的结果。

方法：方法是指对象能够进行的操作，方法还有另外一个名称，叫作函数。方法是类中定义的函数，其具体的作用就是对对象的操作进行描述。

继承：继承，简单地说，是一种层次模型，这种层次模型能够被重用。层次结构的上层具有通用性，下层结构则具有特殊性。类的继承具有层次性和结构性，在继承的过程中类则可以从最顶层的部分继承一些方法和变量。

类除可以继承外，还能够进行修改或添加。通过这样的方式能够有效提高工作效率。例如，当类 X 继承了类 Y 后，此时的类 X 则是一个派生类，而类 Y 属于一个基类。继承是从一般演绎到特殊的过程，有利于衍生复杂的系统。

封装：封装是将数据和代码捆绑到一起，对象的某些数据和代码可以是私有的，不能被外界访问，以此实现对数据和代码不同级别的访问权限，防止了程序相互依赖性带来的变动影响。面向对象的封装使处理逻辑更清晰、更有力，有效实现了 2 个目标：对数据和行为的包装和信息隐藏。

多态：多态是指不同事物具有不同表现形式的能力。多态机制使具有不同内部结构的对象可以共享相同的外部接口，通过这种方式减少代码的复杂度：一个接口，多种方式。

动态绑定：动态绑定是将一个过程调用与相应代码链接起来的行为。动态绑定是一种与给定的过程调用相关联的代码只有在运行时才可知的绑定，它是多态实现的具体形式。

消息传递：对象之间需要相互沟通，沟通的途径就是对象之间收发信息。消息内容包括接收消息的对象标识，需要调用的函数标识，以及其他必要的信息。消息传递的概念使面向对象编程语言对现实世界的描述更容易。

面向对象的方法是利用抽象、封装等机制，借助对象、类、继承、消息传递等概念进行软件系统构造的开发方法。

7.2 类与对象

7.2.1 类的定义

在面向对象的思维中，任何事物都包含特征和行为，如猫具有颜色、大小、品种等特征，具有走路、抓老鼠、爬树等行为。事物的特征和行为包含在一个类中，其中，事物的特征称为类的属性，事物的行为称为类的方法，而对象是类的一个实例。因此要想创建一个对象，需要先定义一个类。类由 3 部分组成。

（1）类名：类的名称，它的首字母必须大写，如 Person。
（2）属性：用于描述事物的特征，例如，人有姓名、年龄等特征。
（3）方法：用于描述事物的行为，例如，人具有说话、微笑等行为。

在 Python 中，用 class 关键字来声明一个类，其基本语法格式如下。

class 类名：
类的属性
类的方法

【例 7-1】类的定义程序示例。

```
class Cat:
    def __init__(self):      #属性
        self.color = "white"
        self.size = 35
        self.weiht = 500

    def eat(self):           #方法
        print("---- 吃鱼 ----")
```

在例 7-1 中，程序使用 class 定义了一个名为 Cat 的类，类中有一个 eat 方法。从示例可以看出，方法跟函数的格式是一样的，主要的区别在于方法必须显式地声明一个 self 参数，而且位于参数列表的开头。self 代表类的对象本身，可以用来引用对象的属性和方法。

一个类可以有多个类属性和方法。无论是类属性还是类方法，对于类来说，它们都不是必需的。另外，Python 类中属性和方法所在的位置是任意的，即它们之间并没有固定的前后次序。

类名和变量名一样，类名本质上就是一个标识符，因此在给类命名时，必须符合 Python 的语法，最好使用能代表该类功能的单词，例如，用 Student 作为学生类的类名；甚至如果必要，可以使用多个单词组合而成，如定义的第一个类的类名可以是 TheFirstDemo。

如果由单词构成类名，建议每个单词的首字母大写，其他字母小写。类命名之后，其后要有冒号（:），表示告诉 Python 解释器，下面要开始设计类的内部功能了，也就是编写类属性和类方法。类属性指的就是包含在类中的变量，而类方法指的是包含在类中的函数。换句话说，类属性和类方法分别是包含在类中的变量和函数的别称。需要注意，同属一个类的所有类属性和类方法，要保持统一的缩进格式，通常统一缩进 4 个空格。

通过上面的分析，可以得出这样一个结论，即 Python 类是由类头（class 类名）和类体（统一缩进的变量和函数）构成的。

【例 7-2】定义一个 Person 类。

```
class Person:
    '''这是一个为学习而定义的类'''
    name = '张三'              #定义了一个类属性
    def say(self, content):    #定义了一个 say 方法
        print(content)
```

和函数一样，也可以为类定义说明文档，要放到类头之后，类体之前的位置，如例 7-2 中第 2 行的字符串"这是一个为学习而定义的类"就是 Person 这个类的说明文档。例 7-2 中的程序创建了一个名为 Person 的类，其包含一个名为 name 的类属性。注意，根据定义属性位置的不同，在各个类方法之外定义的变量称为类属性或类变量（如 name 属性），而在类方法中定义的属性称为实例属性（或实例变量）。同时，Person 类中还包含一个名为 say() 类方法。细心的读者可能已经看到，该方法包含 2 个参数，分别是 self 和 content 参数，content 是一个普通参数，没有特殊含义，而 self 比较特殊，并不是普通的参数，它的作用会在后续章节中详细介绍。

更确切地说，say() 是一个实例方法，除此之外，Python 类中还可以定义类方法和静态方法，后面会详细介绍这些概念。事实上，完全可以创建一个没有任何类属性和类方法的类，换句话说，Python 允许创建空类，例如：

```
class Empty:
    pass
```

可以看到，如果一个类没有任何类属性和类方法，那么可以直接用 pass 关键字作为类体。

7.2.2　对象的创建与使用

在 Python 中，类是一种用户定义的数据类型，用于创建对象。一个类可以包含属性和方法。

【例 7-3】一个简单的类定义及实例化对象的程序示例。

```
class Person:
    def __init__(self,name,age):
        self.name = name
        self.age = age
    def say_hello(self):
        print("hello,my name is"+self.name+" and I am "+str(self.age))
```

在例 7-3 中，Person 类有两个属性：name 和 age 及一个名为 say_hello() 的方法。__init__() 方法是构造函数，用于对象的初始化。say_hello() 方法用于打印对象的属性值。可以使用类实例化一个 Person 对象。

```
p = Person("张三",30)
p.say_hello()
```

在上面程序中，将"张三"和 30 传递给 Person 类的构造函数，这会创建一个名为 p 的对象，它的 name 属性被设置为"张三"，age 属性被设置为 30。然后调用 p 对象的 say_hello() 方法，这会打印 "Hello, my name is 张三 and I am 30"。

在 Python 中，对象是类的实例。当使用类创建对象时，实际上创建了类的一个实例，该实例包含类的属性和方法。在上面的程序中，创建了一个 Person 类对象 p。此时，p 包含了 Person 类的属性和方法。类的属性可以通过对象访问，例如：

```
print(p.name)          #打印输出 "张三"
print(p.age)           #打印输出 30
```

在上面代码中，用点号操作符来访问对象 p 的 name 和 age 属性，会打印输出它们的值。类的方法可以通过对象调用，例如：

```
p.say_hello()          #打印输出 Hello, my name is 张三 and I am 30
```

可以创建多个对象，并将它们赋值给不同的变量。每个对象都是类的一个独立实例，它们具有相同的属性和方法，但属性的值可以不同。

```
p1 = Person("Bob", 25)
p2 = Person("Charlie", 40)

p1.say_hello()         #打印输出 Hello, my name is Bob and I am 25
p2.say_hello()         #打印输出 Hello, my name is Charlie and I am 40

print(p1.name)         #打印输出 Bob
print(p2.name)         #打印输出 Charlie
```

在上面代码中，创建了两个 Person 对象，将其分别赋值给变量 p1 和 p2。每个对象都有不同的属性值，都是不同的实例。

在使用 Python 对象时，可以访问和修改其属性，也可以调用其方法。例 7-4 的程序展示了如何使用 Python 对象的属性和方法。

【例 7-4】对象属性和方法应用程序示例。

```
class Car:
    def __init__(self, make, model, year):
        self.make = make
        self.model = model
        self.year = year
        self.odometer_reading = 0

    def get_descriptive_name(self):
        long_name = str(self.year) + ' ' + self.make + ' ' + self.model
```

```
            return long_name.title()

    def read_odometer(self):
        print("This car has " + str(self.odometer_reading) + " miles on it.")

    def update_odometer(self, mileage):
        if mileage >= self.odometer_reading:
            self.odometer_reading = mileage
        else:
            print("You can't roll back an odometer!")

    def increment_odometer(self, miles):
        self.odometer_reading += miles

my_car = Car('奥迪', 'A6', 2023)
print(my_car.get_descriptive_name())        #打印输出 2023 奥迪 A6

my_car.update_odometer(120)
my_car.read_odometer()                      #打印输出 This car has 120 miles on it.

my_car.increment_odometer(50)
my_car.read_odometer()                      #打印输出 This car has 170 miles on it.
```

运行结果如下。

```
2023 奥迪 A6
This car has 120 miles on it.
This car has 170 miles on it.
```

在例 7-4 的程序中，定义了一个 Car 类，它有一些属性和方法。然后，创建了一个名为 my_car 的对象，并将其赋值。调用 my_car 对象的 get_descriptive_name() 方法，会打印一个描述汽车的字符串；调用 my_car 对象的 update_odometer() 方法，会将其里程数设置为 120；调用 my_car 对象的 read_odometer() 方法，会打印汽车的里程数；调用 my_car 对象的 increment_odometer() 方法，会将汽车的里程数增加 50 英里[①]；再次调用 read_odometer() 方法，会打印更新后的里程数。

通过上面 2 个程序示例，可以学习如何创建类和对象，访问和修改其属性，以及调用其方法。对象的使用方法和属性可以根据具体需求进行定制，使程序更加灵活和高效。

7.2.3 self 参数和 __init__() 方法

在 Python 中，self 是一个指向实例对象自身的引用，可以在类的方法中用它来访问实例属性和调用实例方法。__init__() 方法，用于初始化新建的对象。

1. self

Python 在编写类时，每个函数参数的第一个参数都是 self，需要明确 self 只有在类的方法中才会有，Python 独立的函数不必带 self。

---

① 英里的法定单位为米（m），1 英里 =1609.347 m。

```
class MyClass:
    def do_stuff(self, some_arg):
        print(some_arg)

my = MyClass()
my.do_stuff("whatever")
my1 = MyClass()
my1.do_stuff("hello")
```

上面代码中，第 1 行定义了一个类 MyClass，第 2 行定义了一个方法 do_stuff（self, some_arg），self 是方法中的第一个参数。

第 4 行用类 MyClass() 实例化了一个对象 my。

第 5 行通过 my 对象运行其方法 do_stuff()，并传入实参 whatever。程序运行时，第 2 行中的 self 将被对象 my 替代，将 whatever 传给形参 some_arg。

第 6 行用类 MyClass() 实例化另一个对象 my1。

第 7 行通过 my1 对象运行其方法 do_stuff()，并传入实参 hello。程序运行时，第 2 行中的 self 将被对象 my1 替代，将 hello 传给形参 some_arg。

实际上 Python 类方法的第一个参数也可以写成其他字符串，但通常按约定写成 self，用于替代传入的实例对象名称，类实例化后，self 即代表实例（对象）本身。当不同的对象使用类时，其参数不同。因此，self 可以被当作实例的身份证，可以用于调用类的方法、属性。

2. __init__() 方法

__init__() 方法是类中的一种函数，称为构造函数。每次创建类的实例对象时，__init__() 方法都会自动被调用，无论其中有什么样的变量、计算，都会自动调用。

Python 中的 __init__() 方法的作用是在系统申请内存空间时为对象的每个变量申请内存空间并赋初值，是一个初始化的方法。具体的使用方式如下。

【例 7-5】__init__() 方法的基本作用程序示例。

```
class Student:
    def __init__(self,name,gender):
        self.name = name
        self.gender = gender
s1 = Student("李明","男")
s2 = Student("王静","女")
```

例 7-5 的程序创建一个 Student 类，构造函数 __init__(self, name, gender) 有 2 个参数 name 和 gender。当实例化对象 s1 = Student（"李明","男"）时，将"李明"和"男"初始化赋值给 s1 对象的 name 和 gender。当实例化另一个对象 s2 = Student（"王静","女"）时，将"王静"和"女"初始化赋值给 s2 对象的 name 和 gender。

7.2.4 __del__() 方法

当删除一个对象时，Python 解释器也会默认调用一个方法，这个方法为 __del__() 方法。在 Python 中，开发者很少会直接销毁对象（如果需要，应该使用 del 语句销毁）。Python 的内存管理机制能够很好地胜任这份工作。也就是说，无论是手动调用 del 语句还是由 Python 自动回收都

会触发 __del__() 方法执行。

【例7-6】__del__() 方法的应用程序示例。

```
class MyClass:
    def __init__(self, name):
        self.name = name
        print('{} 对象已经创建 '.format(self.name))
    def __del__(self):
        print('{} 对象已经被销毁 '.format(self.name))
obj = MyClass(' 李明 ')
del obj
```

运行结果如下。

```
李明对象已经创建
李明对象已经被销毁
```

在例 7-6 的程序中，定义了一个名为 MyClass 的类，它包含 2 个方法 __init__() 和 __del__()。__init__() 方法用于初始化类的属性，而 __del__() 方法在对象被销毁时自动调用。在创建对象 obj 之后，使用 del 语句将其删除，这时 Python 解释器会自动调用对象 obj 的 __del__() 方法，输出对象已经被销毁的提示信息。

Python 中的 __del__() 方法主要用于在对象被销毁时执行特定的清理操作，一般用于释放资源或撤销在对象构造时所创建的对象，以防止内存泄漏。

7.3 属性与方法

如果把类看作一个独立的作用域（称为类命名空间），则类属性就是定义在类命名空间中的变量，类方法就是定义在类命名空间中的函数。

7.3.1 属性

Python 中的属性分为类属性和对象（实例）属性，其含义表述如下。

（1）类属性属于类所有，可以直接用"类名.属性名"的形式直接调用，类的属性在内存中只有一份。

（2）实例属性属于类的对象所有，可以"用对象名.属性名"的形式进行调用，但是不能用"类名.属性名"的形式进行调用，因为实例属性只有在实例创建时，才会初始化创建。实例属性是在 __init__() 方法中初始化的属性。

【例7-7】类属性和实例属性的调用程序示例。

```
class Person:
    country = "china"              #类属性
    def __init__(self,name,age):
        sex = "男"                 #这不是实例属性,是变量,用对象名.sex无法调用
        self.name = name           #实例属性
        self.age = age
```

```
print(Person.country)
```

运行结果如下。

```
    china
print(Person.age)
```

运行结果如下。

```
    出错,AttributeError: type object 'Person' has no attribute 'age'
p1 = Person("tom",12)      #创建对象
print(p1.country,p1.age,p1.name,p1.sex,p1)
```

运行结果如下。

```
china 12 tom <__main__.Person object at 0x0000000002CA37C0>
```

例 7-7 的程序中 country 是类属性,可以用 Person.country 调用,也可以用"对象.属性"的形式(p1.country)调用。self.age 和 self.name 是对象属性,只能用"对象名.属性"的形式(p1.age、p1.name)调用。用"类名.属性"的形式调用会出错,例如,使用 Person.age 会显示 type object 'Person' has no attribute 'age'。

【例 7-8】修改类属性和实例属性程序示例。

```
class Person:
    country = "china"        #类属性
    def __init__(self,name,age):
        sex = "男"           #这不是实例属性,是变量,用对象名.sex 无法调用
        self.name = name     #实例属性
        self.age = age

p1 = Person("tom",12)        #创建对象
p1.country = "america"
print(p1.country)            #通过实例修改属性,实例的属性修改为 america
print(Person.country)        #类的属性没有被修改,还是 china
```

打印输出结果如下。

```
    america
    china
Person.country = "japan"     #用"类名.属性名"的形式修改类的属性值
p2 = Person("jack",11)
print("p1.country:",p1.country)
print("p2.country",p2.country)
print("Person.country",Person.country)
```

显示结果如下。

```
p1.country: america
p2.country japan
Person.country japan
```

p1.country = "america" 语句修改了 p1 对象的 country 属性,但类对应的属性没有被修改。只

有通过 Person.country = "japan" 语句才能修改类的属性。

实际开发中为了程序的安全，关于类的属性都会封装起来，Python 中为了更好地保存属性安全（即不能随意修改），采用"__属性"表示私有属性，通过对象不能调用，只能通过类的方法调用。

【例 7-9】类的私有属性应用程序示例。

```
class Person1(object):
    country = 'china'            #类属性,外部可以调用
    __language = "Chinese"       #私有类属性,外部不能直接调用
    def __init__(self,name,age):
        self.name = name
        self.__age = age         #使用 __ 双下画线表示私有属性,通过对象不能直接调用,要
                                 # 通过类的方法调用

    def getAge(self):
        return self.__age

    def setAge(self,age):
        if age > 100 or age < 0:
            print("age is not true")
        else :
            self.__age = age

    def __str__(self):
        info = "name :"+self.name +",age(保密):"+str(self.__age)  #注意这里不是
                                                                   #self.age
        return info

stu1 = Person1("tom",18)         #创建对象,调用方法,进行属性测试
print("修改前的结果：",stu1.__str__())
stu1.name = "tom_2"              #修改 stu1 的 name 属性
print("修改 name 后的结果：",stu1.__str__())
#print(stu1.__age)               #直接调用私有属性 __age 报错,'Person1' object has
                                 #no attribute '__age'

print("打印私有 age 内存地址：",id(stu1.getAge()))
stu1.__age = 19                  #这样赋值不会报错,因为系统找不到这个变量,直接新建了一个。但是实
                                 #际没有修改对象的属性值
print(stu1.__age)                #有值,但是没有实际修改 stu1 对象的 age 属性值
print("打印 stu1.__age 的内存地址：",id(stu1.__age))  #两个内存地址值不同
print("错误修改 age 后的值",stu1.__str__())            #实际值没有变

stu1.setAge(22)                  #只有通过调用类的方法才可以修改 age 的值
print("正确修改 age 后的值",stu1.__str__())
```

运行结果如下。

```
修改前的结果： name :tom,age(保密):18
修改 name 后的结果： name :tom_2,age(保密):18
打印私有 age 内存地址：1362560016
19
打印 stu1.__age 的内存地址：1362560048
错误修改 age 后的值 name :tom_2,age(保密):18
正确修改 age 后的值 name :tom_2,age(保密):22
```

7.3.2 方法

Python 类中的方法有 3 种类型：实例方法、静态方法、类方法。实例方法仅能通过实例调用。静态方法和类方法可以用实例调用，也可以直接通过类名调用。

1. 实例方法

Python 中的类是属性和方法的集合，因此传入不同的数据能够实例化出来同一类型、但数据不同的类实例对象。而这个实例方法就是定义在类中的函数，此种类型的方法只能够被实例对象调用。

实例方法最大的特点就是至少要包含一个 self 参数，用于绑定调用此方法的实例对象，实例方法通常会用类对象直接调用。

【例 7-10】实例方法应用程序示例。

```
class Person:
    def __init__(self, name, age):    #类构造函数，也属于实例方法
        self.name = name
        self.age = age
    def say(self):                    #定义一个 say 实例方法
        print(" 正在调用 say() 实例方法 ")
p = Person(" 李明 ",23)
p.say()
```

运行结果如下。

```
正在调用 say() 实例方法
```

Python 也支持使用类名调用实例方法，但此方式需要手动给 self 参数传值。

```
p = Person(" 李明 ",23)
Person.say(p)
```

运行结果如下。

```
正在调用 say() 实例方法
```

2. 静态方法

静态方法，其实就是前面提到的函数，和函数唯一的区别是，静态方法定义在类命名空间中，而函数则定义在程序所在的空间（全局命名空间）中。

静态方法没有类似 self、cls 这样的特殊参数，因此 Python 解释器不会对它包含的参数做任何类或对象的绑定。也正因为如此，类的静态方法无法调用任何类属性和类方法。

在定义时需要使用装饰器 @staticmethod 进行修饰，不需要声明参数，可以使用类本身及实例对象进行调用。

【例 7-11】静态方法程序示例。

```
class Person:
    @staticmethod
```

```
        def info(name,age):
            print(name,age)
#调用静态方法,既可以使用类名,也可以使用类对象
Person.info("李明",20)        #使用类名直接调用静态方法
p = Person()
p.info("李明",20)             #使用类对象调用静态方法
```

运行结果如下。

```
我的名字叫：李明 今年：20
我的名字叫：李明 今年：20
```

3. 类方法

类方法在定义时也需要使用装饰器修饰，装饰器的函数为 classmethod，而且必须至少有一个参数用来表示类本身，在调用时不需要传入参数。

Python 的类方法和实例方法相似，至少要包含一个参数，只是在类方法中通常将该参数命名为 cls，Python 会自动将类本身绑定给 cls 参数（注意，绑定的不是类对象）。也就是说，在调用类方法时，无须为 cls 参数传参。和 self 一样，cls 参数的命名也不是特定的（可以随意命名）。

类方法和实例方法最大的不同是在定义时需要使用装饰器修饰。

【例 7-12】类方法程序示例。

```
class Person:
    def __init__(self, name, age):      #类构造函数,也属于实例方法
        self.name = name
        self.age = age
    @classmethod                         #定义一个类方法
    def info(cls):
        print("正在调用类方法",cls)
```

注意：如果没有 @ classmethod，则 Python 解释器会将 info() 方法认定为实例方法，而不是类方法。

类方法推荐使用类名直接调用，也可以使用实例对象调用（不推荐）。例如，可以在例 7-12 程序基础上，在 Person 类外部添加如下代码。

```
Person.info()                 #使用类名直接调用类方法
p = Person("李明",23)
p.info()                      #使用类对象调用类方法
```

运行结果如下。

```
正在调用类方法 <class '__main__.Person'>
正在调用类方法 <class '__main__.Person'>
```

7.4 继承和多态

7.4.1 继承

继承描述的是事物之间的所属关系,当定义一个类时,可以从某个现有的类继承,新的类称为被继承类的子类或扩展类。被继承的类称为基类、父类或超类,父类的方法都会继承给子类。子类将自动获取父类的属性和方法,即子类可不作任何代码编写即可使用父类的属性和方法。

继承的使用方法是在类名后面增加一对圆括号并将父类的名称写在圆括号中。

【例 7-13】类的继承程序示例。

```
class Person:
    def __init__(self,name,age):
        self.name = name
        self.age = age
    def print_age(self):
        print("%s 的年龄是 %s"%(self.name,self.age))
class Man(Person):
    pass
bob = Man('李明',33)
bob.print_age()
```

运行结果如下。

```
李明 的年龄是 33
```

从例 7-13 程序可以看出,在 Man 类中没有实现任何属性和方法,在使用过程中却可以使用 print_age 方法,初始化属性 name 和 age。这就是类的继承的作用,Man 类从 Person 类中继承了所有的属性和方法。

继承最大的好处就是子类可以获取父类的所有功能。通过继承可以最大限度地将通用的功能放入基类中以减少代码的维护成本。

也可以单独为子类编写方法,此时可以同时使用子类和父类的方法。

【例 7-14】子类继承父类的成员,并增加新的方法。

```
class Person:
    def __init__(self,name,age):
        self.name = name
        self.age = age
    def print_age(self):
        print("%s 的年龄是 %s"%(self.name,self.age))
class Man(Person):
    work = "教师"
    def print_age(self):
        print("Mr. %s 的年龄是 %s"%(self.name,self.age))
    def print_work(self):
        print("Mr. %s 的工作是 %s"%(self.name,self.work))
bob = Man('李明',33)
bob.print_age()
bob.print_work()
```

运行结果如下。

```
Mr. 李明  的年龄是 33
Mr. 李明  的工作是 教师
```

例 7-14 的代码中，在子类 Man 中实现了 print_age() 方法和 print_work() 方法，从运行结果可以看出，在 Man 类中的 print_age 方法覆盖了 Person 类中的 print_age 方法。

子类继承父类后，会继承父类中所有的属性（数据属性和实例属性）及方法，当然也可以调用。

【例 7-15】子类继承父类的实例属性程序示例。

```
class Person():
    city = '成都'
    def __init__(self,name,age):
        self.name = name
        self.age = age
    def show(self):
        print('my name is {name},and my age is {age}'.format(
            name = self.name,age = self.age))
class Student(Person):
    def __init__(self,name,age,score):
        Person.__init__(self,name,age)         #子类继承父类的实例属性
        self.score = score
    def info(self):
        print('我名字叫 {name},我今年 {age} 岁,我的考试成绩是 {score},'
              '我生活在 {city}'.format(
name = self.name,age = self.age,score = self.score,city = self.city))
        print('子类调用父类的方法输出结果：\n')
        self.show()

stu = Student('李明',18,90)
stu.info()
print(stu.city)
```

运行结果如下。

```
我名字叫 李明,我今年 18 岁,我的考试成绩是 90,我生活在成都
```

子类调用父类的方法输出结果如下。

```
my name is 李明,and my age is 18
成都
```

在面向对象编程中，子类可以继承父类的属性和方法，包括构造方法。子类对父类构造函数的调用有两种方式，用父类名调用和用 super() 函数调用。

【例 7-16】子类对父类构造函数调用的两种方式。

方式 1：用父类名调用构造函数。

```
class Person(object):
    def __init__(self,name,sex):
        self.name = name
        self.sex = sex
class Child(Person):                            #Child 类继承 Person 类
```

```
        def __init__(self,name,sex,mother,father):
            Person.__init__(self,name,sex)           #子类对父类的构造函数的调用
            self.mother = mother
            self.father = father

Lice = Child("李明","男","王莉","李强")
print(Lice.name,Lice.sex,Lice.mother,Lice.father)
```

方式 2：用 super() 函数调用父类的构造函数。

```
class Person(object):
    def __init__(self, name, sex):
        self.name = name
        self.sex = sex
class Child1(Person):                                    #Child 类继承 Person 类
    def __init__(self, name, sex, mother, father):
        super(Child, self).__init__(name, sex)#子类对父类构造函数的调用
        self.mother = mother
        self.father = father

Lice1 = Child("李明","男","王莉","李强")
print(Lice1.name, Lice1.sex, Lice1.mother, Lice1.father)
```

运行结果如下。

```
李明 男 王莉 李强
李明 男 王莉 李强
```

继承的原则如下。

（1）子类可以继承多个父类，但是不要太多，建议不超过两个。

（2）如果子类没有重写父类中的方法，调用父类的方法，输出的结果是父类中方法的输出结果。

（3）如果子类重写了父类中的方法，那么调用该方法，输出的结果是子类中重写的方法的输出结果。

（4）从左到右原则：一个子类继承多个父类，在调用方法后，从左到右按线性的方式寻找，找到满足的要求的就停止寻找。

（5）方法重写：子类重写了父类中的方法。重写的原因是父类的方法没有办法满足子类的需求。

7.4.2 多态

当子类和父类中存在相同的方法时，子类中的方法会覆盖父类中的方法，在代码运行过程中总是会调用子类的方法，这就是面向对象的另外一个特点：多态性。

不同类的对象可对同一消息做出响应，根据发送对象的不同而采用多种不同的行为方式称为多态。

在 Python 中多态的使用可以总结为对扩展开放，对修改封闭，即"开闭"原则。对扩展开放是指可以随意增加父类的子类；对修改封闭是指对于依赖父类的函数，新增子类对该函数无任

何影响,无须进行任何修改。

【例 7-17】多态程序示例。

```
class Person:
    def __init__(self,name,age):
        self.name = name
        self.age = age
    def print_age(self):
        print("%s 的年龄是 %s"%(self.name,self.age))
class Man(Person):
    def print_age(self):
        print("Mr. %s 的年龄是 %s"%(self.name,self.age))
class Woman(Person):
    def print_age(self):
        print("Ms. %s 的年龄是 %s"%(self.name,self.age))

def person_age(person):
    person.print_age()

person = Person("李明",23)
man = Man("王强",33)
woman = Woman("张莉",28)
person_age(person)
person_age(man)
person_age(woman)
```

运行结果如下。

```
李明 的年龄是 23
Mr. 王强 的年龄是 33
Ms. 张莉 的年龄是 28
```

在例 7-17 的代码中,函数 person_age 函数的输入参数为类 Person 的实例,但是在实际执行过程中,Person 的子类 Man 和 Woman 的实例同样可以在 person_age 函数中正常运行,这就是类的多态的作用。从例 7-17 可以看出,类的多态增加了灵活性,增加了额外扩展的功能。

7.5 访问限制

在 Python 中,使用双下画线前缀定义私有属性和方法。私有属性和方法只能在类内部访问,不能在类外部访问。这种访问限制可以有效地保护数据和方法,防止外部代码直接访问和修改类的内部状态。另外,Python 也提供了单下画线前缀(_)来定义受保护的属性和方法,这些属性和方法只能在类内部和子类中访问,不能通过 import 语句导入。

私有方法只能在类的内部调用(类内部其他方法也可以调用),不能在类的外部调用。

【例 7-18】私有属性和私有方法程序示例。

```
class Person:
    def __p(self):
        print("这是私有方法")          #内部函数可以互相调用
    def p1(self):
```

```
            print(" 这是公有方法 ")
    def p2(self):
        print(" 这是公有方法,可以调用 p1,也可以调用私有方法 __p")
        self.p1()
        self.__p()
#创建对象
c1 = Person()
c1.p1()
c1.p2()
#c1.__p()    #不能直接调用私有方法,会报错。注意区分,系统自带的函数如 __str__,外部可以直接
调用
```

运行结果如下。

```
这是公有方法
这是公有方法,可以调用 p1,也可以调用私有方法 __p
这是公有方法
这是私有方法
```

例 7-18 的程序中定义了一个带双下画线前缀的 __p() 方法,实现私有方法的访问控制。该方法只能在类内部的 p2() 方法中访问,当用实例化的对象 c1.__P() 调用时,会报错。

【例 7-19】以双下画线为前缀的私有属性和方法访问程序示例。

```
class MyClass:
    def __init__(self):
        self.public_var = '我是公有变量'
        self.__private_var = '我是私有变量'

    def public_method(self):
        print('这是一个公有方法')
        self.__private_method()

    def __private_method(self):
        print('这是一个私有方法')


obj = MyClass()
print(obj.public_var)
obj.public_method()
print(obj.__private_var)
obj.__private_method()
```

运行结果如下。

```
我是公有变量
这是一个公有方法
这是一个私有方法
AttributeError: 'MyClass' object has no attribute '__private_var'
```

在例 7-19 的程序中,public_var() 和 public_method() 都没有前缀,是公有成员,可以在类外部直接访问。而 __private_var() 和 __private_method() 都以双下画线为前缀,是私有成员,外部无法直接访问。但是在类的内部,仍然可以访问私有成员,如在 public_method() 中访问了 __private_method()。

需要注意，以单下画线为前缀的属性和方法虽然不会被 Python 解释器强制限制，但通常被视为受保护的成员，应该避免外部直接访问。

7.6 本章小结

本章介绍了面向对象程序设计的有关内容。类有属性和方法，构造函数 __init__() 是一个特殊的方法，其函数名是规定好的。构造函数及实例方法的第一个参数都是 self，self 表示对象自身。同一类型的多个对象，其属性是相互独立的，但方法却是共享的。将一个复杂的系统实现的细节隐藏起来，只提供接口的工作模式，称为封装。尽量复用或重用前人的代码，尽量使用别人设计好的类。继承是一种代码重用的方法。子类重新实现父类的同名函数的方式，称为函数重载。程序中可以创建父类对象，也可以创建子类对象。不同类的对象可对同一消息做出响应，根据发送对象的不同而采用多种不同的行为方式称为多态。以双下画线为前缀命名的属性和方法是私有成员。私有成员在类外部无法访问，在类内部可以访问。以单下画线为前缀的属性和方法是受保护的成员，应该避免外部直接访问。

习题

在线测试

一、判断题（判断以下说法是否正确）

1. 在 Python 中定义类时，如果某个成员名称前有两个下画线则表示是私有成员。（　　）
2. 在类定义的外部没有任何办法可以访问对象的私有成员。（　　）
3. Python 中一切内容都可以称为对象。（　　）
4. 在 Python 中，定义类时使用 self 关键字来引用类的当前实例，以及访问类的属性和方法。self 的含义是表示引用的对象。（　　）
5. 在一个软件的设计与开发中，所有类名、函数名、变量名都应该遵循统一的风格和规范。（　　）
6. 在定义类时，所有实例方法的第一个参数用来表示对象本身，在类的外部通过对象名调用实例方法时不需要为该参数传值。（　　）
7. 在面向对象程序设计中，函数和方法是完全一样的，都必须为所有参数进行传值。（　　）
8. Python 中没有严格意义上的私有成员。（　　）
9. 在 Python 中定义类时，运算符重载是通过重写特殊方法实现的。例如，在类中实现了 __mul__() 方法即可支持该类对象的 ** 运算符。（　　）
10. 在 IDLE 交互模式下，一个下画线 "_" 表示解释器中最后一次显示的内容或最后一次语句正确执行的输出结果。（　　）
11. 对于 Python 类中的私有成员，可以通过"对象名._类名__私有成员名"的方式来访问。（　　）
12. 运算符"-"可以用于集合的差集运算。（　　）
13. 子类继续父类的构造函数时，只能使用 super() 函数。（　　）
14. 已知 seq 为长度大于 10 的列表，并且已导入 random 模块，那么 [random.choice(seq) for i

in range(10)] 和 random.sample(seq,10) 等价。 ( )

15. 在派生类中可以通过"基类名.方法名()"的方式调用基类中的方法。 ( )

16. Python 支持多继承，如果父类中有相同的方法名，而在子类中调用时没有指定父类名，则 Python 解释器将从左向右按顺序进行搜索。 ( )

17. 在 Python 中定义类时实例方法的第一个参数名称必须是 self。 ( )

18. 在 Python 中定义类时实例方法的第一个参数名称不管是什么，都表示对象自身。 ( )

19. 定义类时如果实现了 __ contains __() 方法，该类对象可支持成员测试运算 in。 ( )

20. 定义类时如果实现了 __ len __() 方法，该类对象可支持内置函数 len()。 ( )

21. 定义类时实现了 __ eq __() 方法，该类对象可支持运算符 ==。 ( )

22. 定义类时实现了 __ pow __() 方法，该类对象可支持运算符 *。 ( )

23. Python 类的构造函数是 __ init __()。 ( )

24. 定义类时，如果在一个方法前面使用 @classmethod 进行修饰，则该方法属于类方法。 ( )

25. 定义类时，如果在一个方法前面使用 @staticmethod 进行修饰，则该方法属于静态方法。 ( )

26. 通过对象不能调用类方法和静态方法。 ( )

27. 在 Python 中可以为自定义类的对象动态增加新成员。 ( )

28. 如果子类没重写父类的方法，调用父类的方法时，输出的结果是父类里面方法的输出结果。 ( )

29. 属性可以像数据成员一样进行访问，但赋值时具有方法的优点，可以对新值进行检查。 ( )

30. 只能动态为对象增加数据成员，而不能为对象动态增加成员方法。 ( )

31. 任何包含 __ call __() 方法的类的对象都是可调用的。 ( )

32. 在 Python 中函数和类都属于可调用对象。 ( )

33. 函数和对象方法是一样的，内部实现和外部调用都没有任何区别。 ( )

34. 如果子类重写了父类里面的方法，那么调用该重写的方法时，输出的结果是子类里面方法的输出结果。 ( )

35. 如果在设计一个类时实现了类 __ len __() 方法，那么该类的对象会自动支持 Python 内置函数 len()。 ( )

二、编程题（按照题目要求，编写程序代码）

1. 按要求编程序。

（1）创建一个名为 People 的类。

属性：姓名、年龄、性别、身高。

行为：说话、计算加法、改名。

编写能为所有属性赋值的构造方法。

（2）创建一个对象：名叫"张三"，性别"男"，年龄 18 岁，身高 1.80m。

让该对象调用成员方法实现以下功能。

说出"你好！"；

计算 23+45 的值；

将名字改为"李四"。

2. 按要求编写程序。

（1）建立一个名为 Cat 的类。

属性：姓名、毛色、年龄。

行为：显示姓名、喊叫。

（2）创建一个对象猫，名为"妮妮"，毛色为"灰色"，年龄为 2 岁，在屏幕上输出该对象的毛色和年龄，让该对象调用显示姓名和喊叫两个方法。

3. 定义一个类来表示平面上的点，提供移动点和计算到另外一个点距离的方法。

4. 定义表示银行卡和 ATM（自动柜员机）的类，要求 ATM 可以实现读卡、存钱、取钱、转账的功能。

定义一个 card 类。

属性：卡号、截止日期、卡的类型。

定义一个 ATM 类。

属性：装入一个具备银行卡信息的数据库、声明一个卡的空容器、声明一个存放当前卡信息的容器。

方法（功能）：

读卡：传入卡，通过卡号判断是否在数据库中；输入密码，密码加循环限制输入次数；如果成功返回值为 True，否则返回值为 False。

展示余额：如果卡的信息容器不为空，则展示余额信息。

存钱：添加限制判断条件，余额累加。

取钱：添加限制判断条件，余额累减。

转账：传入转账卡卡号信息及转账金额，本账户余额累减，转入账户余额累加。

拔卡：返回卡片初始容器，即退出。

5. 某公司有三种类型的员工，分别是部门经理、程序员和销售员。其中，部门经理每月固定月薪 15000 元；程序员计时支付月薪，每小时 200 元；销售员按照 1800 元底薪加上销售额 5% 的提成支付月薪。

需求：设计一个工资计算系统，录入员工信息，计算员工的月薪。

6. 有下面的类属性：姓名、年龄、成绩列表 [语文，数学，英语]，其中每门课成绩的类型为整数，类的方法如下所述。

（1）列表项获取学生的姓名。get_name()，返回类型：str。

（2）获取学生的年龄。get_age()，返回类型：int。

（3）返回 3 门科目中最高的分数。get_course()，返回类型：int。类定义好之后，可以定义同学测试如下。

```
zm = Student('张明',20,[69,88,100])
```

返回结果如下。

```
张明 20 100
```

7. 设计一个 Circle（圆）类，包括圆心位置、半径、颜色等属性。编写构造方法和其他方法，计算周长和面积。请编写程序验证 Circle（圆）类的功能。

8. 封装一个学生类，属性有姓名、年龄、性别、英语成绩、数学成绩、语文成绩。求总分、平均分，并打印输出学生的相关信息。

9. 设计一个 Person 类，属性有姓名、年龄、性别。创建方法 PersonInfo，打印输出这个人的信息；创建 Student 类，继承 Person 类，属性有学院 College、班级 Group，重写父类 PersonInfo 方法，调用父类方法打印输出个人信息，并打印输出学生的学院、班级信息。

10. 定义一个交通工具（Vehicle）的类。

属性：速度（speed）、体积（size）等。

方法：移动 move（）、设置速度 setSpeed（int speed）、加速 speedUp（）、减速 speedDown（）等。

实例化一个交通工具对象，通过方法初始化 speed、size 的值并且确保在相关方法中可以打印输出；另外调用加速、减速的方法对速度进行控制。

第8章

文件操作与数据组织

CHAPTER 8

本章要点

- 文件基础知识
- 文件的基本操作
- 数据文件的读写
- 文件和文件夹操作
- 数据组织

8.1 文件基础知识

文件是存储在外部介质上的数据集合，例如，程序文件是程序代码的有序集合，数据文件是一组数据的有序集合。文件名是一个唯一的文件标识，以便用户识别和引用。文件名由以下 3 部分组成。

（1）文件路径：文件在外部存储设备中的位置。
（2）文件名：用于识别文件，命名规则和标识符命名规则一致。
（3）文件扩展名：用于区分文件的类型，各种类型文件通常都有约定的扩展名。

1. 文件编码

编码是一种规则集合，记录了内容和二进制间进行相互转换的逻辑。编码有许多种，常用的有 UTF-8、ASCII、GB2312 等。使用编码是为了将可识别的内容翻译为保存在计算机中的二进制数据。反之，将保存在计算机中的二进制数据反向翻译为可识别的内容的过程称为解码。

2. 文件的存储方式

文本文件是经过编码保存的可以使用文本编辑软件查看的文件，本质上也是二进制文件，如 Python 的源程序。

二进制文件是按照二进制格式保存的文件，保存的内容不能直接阅读，是提供给其他软件使用的，如图片文件、音频文件、视频文件等。二进制文件不能使用文本编辑软件查看。

8.2 文件的基本操作

在 Python 中操作文件包括 1 个函数和 3 种方法，即 open() 函数，read() 方法、write() 方法、close() 方法。

open() 函数：打开文件，并返回文件操作对象。
read() 方法：将文件内容读取到内存中。
write() 方法：将指定内容写入文件中。
close() 方法：关闭文件。

read()、write()、close() 三种方法都需要通过文件对象调用。Open() 函数的语法格式为 open(file，mode)，其中 mode 为打开文件的参数，当省略文件模式参数时，默认为 rt，rt 表示读文本文件，文件模式如表 8-1 所示；当以 w 或 w+ 模式打开文件时，如果文件不存在，则会自动新建一个文件；wb 以写模式打开一个二进制文件，rb 则以读模式打开一个二进制文件；如果既想读，又想写，则可以使用 wb+ 或者 rb+。

表 8-1 文件模式

文件模式	说　明
r	读模式（默认）
w	写模式
x	独占写模式，代表不允许其他应用程序在文件关闭前使用该文件；x 来源于英文 exclusive

续表

文件模式	说　　明
a	附加模式，a 来源于英文 append
b	二进制模式，与其他模式配合使用
t	文本模式（默认）
+	读写模式，必须与 r、w、a 等配合使用

文件操作步骤为打开文件、读写操作、关闭文件（释放内存）。

【例 8-1】文件操作步骤程序示例。

```
f = open('d:/test.txt','w')         #打开文件
f.write('Python 程序设计 ')          #读写操作
f.close()                           #关闭文件
```

运行例 8-1 的程序，在 D 盘目录中会创建一个文件 test.txt，打开文件，里面有一行字符"Python 程序设计"。

8.3　数据文件的读写

文件的本质是二进制字节数据，即所有的文件都是二进制文件，文本文件在写时把文本按一定编码转换为二进制数据进行存储，在读时先读出二进制数据，再通过一定的译码转换为文本。

【例 8-2】数据文件的读写程序示例。

```
def writeFile():
    f = open("d:/test.txt","wt")
    f.write("Python 程序设计 ")           #写入文本数据到文件
    f.close()
def readFile():
    f = open("d:/test.txt","rb")         #以二进制方式读取文件
    data = f.read()
    print(" 二进制读取 ")
    for i in range (len(data)):
        print(hex(data[i]),end = " ")
    f.close()

    f = open("d:/test.txt")
    data = f.read()                       #以文本方式读取文件
    print("\n 文本文件读取 ")
    print(data)

writeFile()
readFile()
```

运行结果如下。

```
二进制读取
0x50 0x79 0x68 0x6f 0x6e 0xb3 0xcc 0xd0 0xf2 0xc9 0xe8 0xbc 0xc6
文本文件读取
Python 程序设计
```

从例 8-2 的程序可以看出，文本文件如果按照二进制方式打开，显示的就是二进制的字节数据，0x 表示十六进制。如果按照文本格式打开（UTF-8 编码），显示的就是字符串文本。因此，文件本质上都是二进制字节数据。

8.3.1 文本文件的读写

文本文件可以进行打开、读取一行、读取全部、写入、添加等操作。

1. 打开文件并读取内容

```
f = open("test.txt", "r")
contents = f.read()
f.close()
```

2. 写入内容到文件

```
f = open("test.txt", "w")
f.write("Hello, World!")
f.close()
```

3. 在文件中添加内容

```
f = open("test.txt", "a")
f.write("This is a new line.")
f.close()
```

4. 读取一行文件内容

```
f = open("test.txt", "r")
line = f.readline()
f.close()
```

5. 使用 with 语句自动关闭文件

```
with open("test.txt", "r") as f:
    contents = f.read()
```

当用 open() 函数打开文件时，如果文件不存在或有其他原因，文件读写时可能产生 IOError，一旦出错，后面的 f.close() 方法就不会调用。为了更好地解决这个问题，Python 引入了 with 语句自动帮助调用 close() 方法。

with 用于创建一个临时的运行环境，运行环境中的代码执行完后自动安全退出环境。使用 open() 函数进行文件操作时建议使用 with 语句创建运行环境，这样可以不用 close() 方法关闭文件，无论在文件使用中遇到什么问题都能安全地退出，如果发生错误，安全退出后则会给出报错信息。

8.3.2 二进制文件的读写

二进制文件的优点是没有文件格式，直接读写的就是数据，不用对格式进行编解码。Python 读写二进制文件用到的 Python 库是 struct。

在写入文件时，需要对要写入的数据进行打包，打包的本质是规定按几位写入数据，如字母 a，ASCII 码为 0x61，如果规定写入 8 位，则写入的数据为 0110 0001；而如果规定写入 16 位，则写入的数据为：0000 0000 0110 0001。在按不同的规则读取数据时，读取的数据是不同的。

在读取文件时，需要对读取的二进制文件进行解包，解包的本质是规定按多少位读取一个数据，如 0000 0000 0110 0001，按 8 位读取一个数据，则为 0x0，0x61；按 16 位读取一个数据，则为 0x61。

【例 8-3】二进制文件写程序示例。

```
import struct
fw = open("d:/test.bin", "wb")
file_content = [10,20,30]
for i in file_content:
    s = struct.pack('B', i)
    fw.write(s)
fw.close()
```

例 8-3 的程序运行后，在 D 盘中创建一个二进制文件 test.bin，写入该文件的数据为列表 [10，20，30]。

写入二进制文件的要点如下。

（1）要以二进制写形式打开 / 创建文件，语句 open（"d:/test.bin", "wb"）的模式为 wb；

（2）struct.pack() 第一个参数为数据格式，示例中 'B' 是按 8 位数据写入；第二个参数为需要写入的数据。

【例 8-4】二进制文件读取程序示例。

```
import struct
def read_bin(file_name):
    """
    function: read a bin file, return the tuple of the content in file
    """
    with open(file_name, "rb") as f:
        f_content = f.read()
        content = struct.unpack("B" * len(f_content), f_content)
        f.close()
    return content
file_name = "d:/test.bin"
read_data = read_bin(file_name)
print(read_data)
```

运行结果如下。

```
(10, 20, 30)
```

例 8-4 的程序运行后，从 D 盘中读取 test.bin 二进制文件，将文件中的数据解包，运行结果为（10，20，30），与例 8-3 中写入的数据一致。

读取二进制文件的要点如下。

（1）同写文件对应，需要 unpack 进行解包；

（2）例 8-4 为一次性按同一种格式读出所有内容，如果想采用不同格式，需要自己设计。

二进制文件在打开模式中用 b 来表示。

rb：只读，打开一个二进制文件，只允许读取数据。如果文件存在，则打开后可以顺序读取；如果文件不存在，则打开失败。

wb：只写，打开或建立一个二进制文件，只允许写入数据。如果文件不存在，则建立一个空文件；如果文件已经存在，则把原文件内容清空。

ab：追加，打开一个文本文件，并在文件末尾写数据。如果文件不存在，则建立一个空文件；如果文件已经存在，则把原文件打开，并保持原内容不变，文件位置指针指向末尾，新写入的数据追加在文件末尾。

rb+：读写方式，打开一个二进制文件，允许读取数据，也允许写入数据。如果文件存在，则打开后文件指针在开始位置；如果文件不存在，则打开失败。

wb+：读写方式，打开一个二进制文件，允许读取数据，也允许写入数据。如果文件不存在，则创建该文件；如果文件存在，则打开后清空文件内容，文件指针指向文件的开始位置。

ab+：读写方式，打开一个二进制文件，允许读取数据，也允许写入数据。如果文件不存在，则创建该文件；如果文件存在，则打开后不清空文件内容，文件指针指向文件的末尾位置。

二进制文件的数据都是字节流，因此二进制文件不存在编码的问题，只有文本文件才有编码问题。也不存在 readline() 方法、readlines() 方法这样读一行或多行的操作函数，一般二进制文件值使用 read() 方法读取，使用 write() 方法写入。

8.3.3　CSV 文件的读写

逗号分隔值（Comma-Separated Values,CSV）文件以纯文本形式存储表格数据（数字和文本）。纯文本意味着该文件是一个字符序列。

CSV 是一种通用的、相对简单的文件格式，被个人用户、商业和科学领域广泛应用在程序之间，用于转移表格数据，而这些程序本身是在不兼容 CSV 的格式上操作的，因此大量程序都支持某种 CSV 变体作为一种可选择的输入/输出文件格式。

1. CSV 文件的写入

CSV 文件的写入需要先传入一个文件对象，然后在这个文件对象的基础上调用 CSV 的写入方法 writerow（写入一行）、writerows（写入多行）。写入数据的代码如下。

【例 8-5】CSV 多行数写入方法程序示例。

```
import csv
headers = ['class','name','sex','height','age']
rows = [
        [1,'小明','男',168,23],
        [1,'小红','女',162,22],
        [2,'小张','女',163,21],
        [2,'小李','男',158,21]
    ]
```

```
with open('d:/test.csv','w')as f:
    f_csv = csv.writer(f)
    f_csv.writerow(headers)
    f_csv.writerows(rows)
```

例 8-5 的程序首先定义了写入 CSV 文件的表头、每一列的内容，然后打开一个 CSV 文件，将文件对象作为参数传给 csv.writer() 方法，最后将表头和每一行的内容写入 CSV 文件中，在 D 盘中生成一个 test.csv 文件。

2. 写入字典序列的数据

在写入字典序列类型数据时，需要传入两个参数，一个是文件对象 f，另一个是字段名称 fieldnames。要写入表头时，只需要调用 writerheader() 方法，写入一行，字典序列数据调用 writerow() 方法，并传入相应字典参数，写入多行时调用 writerows() 方法。

【例 8-6】写入字典数据到 CSV 文件程序示例。

```
import csv
headers = ['class','name','sex','height','year']
rows = [
        {'class':1,'name':' 小明 ','sex':'male','height':168,'year':23},
        {'class':1,'name':' 小红 ','sex':'female','height':162,'year':22},
        {'class':2,'name':' 小张 ','sex':'female','height':163,'year':21},
{'class':2,'name':' 小李 ','sex':'male','height':158,'year':21},
    ]
with open('test2.csv','w',newline = '')as f:
    f_csv = csv.DictWriter(f,headers)
    f_csv.writeheader()
    f_csv.writerows(rows)
```

例 8-6 的程序运行后在 D 盘中生成一个 CSV 文件。为避免打开 CSV 文件时出现空行的情况，需要添加一个参数 newline='' 在 with 语句中。

3. CSV 文件的读取

读取 CSV 文件时需要使用 reader() 方法，并传入一个文件对象，reader() 方法返回的是一个可迭代的对象，需要使用 for 循环遍历，代码如下。

【例 8-7】读取 CSV 文件程序示例。

```
import csv
with open('d:/test.csv')as f:
    f_csv = csv.reader(f)
    for row in f_csv:
        print(row)
```

运行结果如下。

```
['class', 'name', 'sex', 'height', 'age']
['1', ' 小明 ', ' 男 ', '168', '23']
['1', ' 小红 ', ' 女 ', '162', '22']
['2', ' 小张 ', ' 女 ', '163', '21']
```

```
['2', '小李', '男', '158', '21']
```

在例 8-7 的程序中，row 是一个列表，如果想要查看固定的某列，则需要加上索引。例如，如果想要查看 name，则只需要改为 row[1]。

【例 8-8】读取 CSV 文件某一列数据程序示例。

```
import csv
with open('d:/test2.csv')as f:
    f_csv = csv.reader(f)
    for row in f_csv:
        print(row[1])
```

运行结果如下。

```
name
小明
小红
小张
小李
```

8.3.4　Excel 文件的读写

Excel 文档是一种常见的电子表格文件，可以用于各种任务，从简单的计算和跟踪数据到复杂的数据分析和报告都可以涉及。

Excel 可以将数据导入或导出到其他文件格式中，如 CSV 文件、文本文件，可以更好地管理和分析信息。

1. 用 xlrd 和 xlwt 序读写 Excel

首先下载安装 xlrd 和 xlwt 库。

（1）打开 Excel。

```
readbook = xlrd.open_workbook(r'\test\canying.xls')
```

（2）获取读入文件的 sheet。

```
sheet = readbook.sheet_by_index(1)          #以索引的方式，从 0 开始
sheet = readbook.sheet_by_name('sheet2')    #以名字的方式
```

（3）获取 sheet 的最大行数和列数。

```
nrows = sheet.nrows      #行
ncols = sheet.ncols      #列
```

（4）获取某个单元格的值。

```
lng = table.cell(i,3).value         #获取 i 行 3 列的表格值
lat = table.cell(i,4).value         #获取 i 行 4 列的表格值
```

（5）打开要写入的表并添加 sheet。

```
writebook = xlwt.Workbook()         #打开一个 Excel
```

```
sheet = writebook.add_sheet('test')        #在打开的 Excel 中添加一个 sheet
```

（6）将数据写入 Excel。

```
sheet.write(i,0,result[0])                 #将数据写入 Excel 的 i 行 0 列
sheet.write(i,1,result[1])
```

（7）保存数据。

```
writebook.save('answer.xls')               #保存数据
```

在 Python 中使用 xlrd 和 xlwt 库操作 Excel 表格非常简单，使用这两个库可以读取 Excel 文件中的数据和格式信息，也可以将 Python 中的数据类型转换为 Excel 中的数据类型并写入 Excel 文件中。

2. 使用 openpyxl 库读写 Excel

xlrd 和 xlwt 库处理的是 xls 文件，单个 sheet 的最大行数是 65535，如果数据量超过 65535 行，就会产生 ValueError: row index was 65536, not allowed by .xls format 错误。如果有更大需要，建议使用 openpyxl 库，最大行数可达到 1048576。

导入 openpyxl 库的语句为：import openpyxl。

（1）打开 Excel。

```
filename = r"D:\Excel_process\filename.xlsx"
inwb = openpyxl.load_workbook(filename)    #读取文件
```

（2）获取打开的 Excel 的 sheet 内容。

```
sheetnames = inwb.get_sheet_names()             #通过名字的方式获取文件中所有的 sheet
ws = inwb.get_sheet_by_name(sheetnames[0])      #获取第一个 sheet 内容
```

（3）获取 sheet 的最大行数和列数。

```
rows = ws.max_row
cols = ws.max_column
```

（4）获取某个单元格的值。

```
print(ws.cell(1,1).value)
```

（5）打开将要写入的文件并添加 sheet。

```
outwb = openpyxl.workbook()                #打开一个将要写入的文件
outws = outwb.create_sheet(index = 0)      #在将要写入的文件中创建 sheet
```

（6）保存文件。

```
saveExcel = r"D:\excel_process\test.xlsx"
outwb.save(saveExcel)                      #保存文件
```

8.3.5 JSON 文件的读写

JSON 是一种基于文本的开放标准格式。一般称为"JavaScript 对象简谱"或"JavaScript 对象表示法",便于阅读和编写,可以在多种语言之间进行数据交换。JSON 采用完全独立于编程语言的文本格式存储和表示数据,具有简洁和清晰的层次结构,是一种理想的数据交换语言。同时,JSON 便于机器解析和生成,可以有效地提升网络传输的效率。

一个 JSON 文件格式如下。

```
{
    "data":[
        {
            "id": "1",
            "name": "李明",
            "state": "1",
            "createTime": "2023-01-21"
        },
        {
            "id": "2",
            "name": "张量",
            "state": "1",
            "createTime": "2023-01-21"
        },
        {
            "id": "3",
            "name": "王强",
            "state": "0",
            "createTime": "2023-01-21"
        }
    ]
}
```

Python 带有一个内置包 JSON,用于对 JSON 数据进行编码和解码。

导入 JSON 包的语句为 import json。

JSON 编码的过程通常称为序列化,是将数据转换为一系列字节,并通过网络存储或传输的过程。反序列化是解码,是将字节流以 JSON 标准存储或交付的过程。

序列化 JSON,是直观地转换,是将简单的 Python 对象转换为 JSON 对象。表 8-2 所示为 Python 对象与 JSON 对象的对照。

表 8-2 Python 对象与 JSON 对象的对照

Python	JSON
dict	object
list、tuple	array
str	string
int、long、float	number
True	true
False	false
None	null

【例 8-9】JSON 的序列化程序示例。

创建一个数据文件。

```
data = {
    "data":[
        {
            "id": "1",
            "name": "A 同学",
            "state": "1",
            "createTime": "2020-01-21"
        },
        {
            "id": "2",
            "name": "B 同学",
            "state": "1",
            "createTime": "2020-01-21"
        },
        {
            "id": "3",
            "name": "C 同学",
            "state": "0",
            "createTime": "2020-01-21"
        }
    ]
}
```

数据直接以文本方式保存为一个文件。

```
with open("data_file.json", "w") as f:
    json.dump(data, f)
```

数据直接以字符串方式使用。

```
json_str = json.dumps(data)
```

JSON 反序列化，是将 JSON 数据格式文件转换为 Python 对象的过程。在 JSON 库中使用 load() 方法和 loads() 方法将 JSON 编码数据转换为 Python 对象。

【例 8-10】JSON 反序列化程序示例。

（1）读取写入 JSON 文件的数据，反序列化。

```
with open("data_file.json", "r") as f:
    data = json.load(f)
```

（2）字符串数据反序列化。

```
json_string = """
{
    "data":[
        {
            "id": "1",
            "name": "李明",
            "state": "1",
            "createTime": "2023-01-21"
```

```
            },
            {
                "id": "2",
                "name": "张量",
                "state": "1",
                "createTime": "2023-01-21"
            },
            {
                "id": "3",
                "name": "王强",
                "state": "0",
                "createTime": "2023-01-21"
            }
        ]
    }
    """
data = json.loads(json_string)
```

例 8-10 的程序中通过 data = json.load(f) 语句，把 data_file.json 文件转换为 Python 对象，通过 data = json.loads(json_string) 语句，把 JSON 字符串转换为 Python 对象。

8.4 文件和文件夹操作

文件夹是一种计算机磁盘空间中为了分类储存电子文件而建立的独立路径的目录，文件夹就是一个目录文件夹图标名称，它提供了指向对应磁盘空间的路径地址。文件夹是用来放置文件的，使用户可以清晰地知道哪些文件放在哪里。例如，图片都放在图片文件夹中，游戏都放在游戏文件夹中。

计算机文件属于文件的一种，与普通文件载体不同，计算机文件是以计算机硬盘为载体存储在计算机上的信息集合。文件是有具体内容或用途的，可以是文本文档、图片、程序、软件等。

本节介绍 Python 进行文件和文件夹操作的相关内容，主要使用 os、shutil、pathlib 三个包。

8.4.1 文件操作

文件操作包括新建文件、移动文件、复制文件、重命名文件、删除文件等内容。文件操作如表 8-3 所示。新建文件、删除文件、重命名文件使用 os 包。移动、复制文件使用 shutil 包。

表 8-3 文件操作

操 作	代 码	说明 / 示例
新建文件	os.mknod(dir_str)	传入需要创建文件的路径，但是需要修改权限
	os.system('test.txt')	使用命令行创建，简单方便
移动文件	shutil.move(src_str,dst_str)	传入源路径和目标路径，可移动文件及文件夹，移动文件夹时是递归移动，返回相较于工作目录的相对最终路径
复制文件	shutil.copyfile(src_str, dst_str)	传入源文件和需要复制到的路径，两个参数均需要是文件，返回相较于工作目录的相对最终路径

续表

操作	代码	说明 / 示例
复制文件	shutil.copy(src_str,dst_str)	传入源文件和需要复制到的路径，dst_str 如果是文件则复制加重命名；如果是目录，则直接复制，但不复制文件元信息
	shutil.copy2 (src_str, dst_str)	相较于 copy，会将文件元信息也复制，包括创建、修改时间等
重命名	os.rename (old_str, new_str)	对文件或文件夹重命名
删除文件	os.remove(file_str)	删除指定文件，可以传入相较于工作目录的相对路径

8.4.2 文件相关属性访问

文件属性访问包括获取文件或文件夹属性，可以使用 os.stat() 方法获取文件或文件夹的相关属性，可返回文件的模式、所属用户 ID、大小、上次访问时间、最后修改时间、创建时间等信息，如表 8-4 所示。

表 8-4 获取属性操作

操作	代码	说明 / 示例
获取文件或文件夹属性	os.stat(dir_str)	获取文件或文件夹的相关属性，可返回文件的模式、所属用户 ID、大小、上次访问时间、最后修改时间、创建时间等信息

8.4.3 文件夹操作

文件夹操作，包括新建文件夹、移动文件夹、复制文件夹、删除文件夹等操作，如表 8-5 所示。可以使用 os.mkdir() 方法、os.mkdirs() 方法创建单层和多层文件夹，使用 shutil.move() 方法移动文件夹，使用 shutil.copytree() 方法复制文件夹。

表 8-5 文件夹操作

操作	代码	说明 / 示例
新建文件夹	os.mkdir(dir_str)	创建单个文件夹，如果文件夹已存在则会报错
	os.mkdirs(dir_str)	递归创建文件夹，即可一次性创建多层文件夹
	from pathlib import Path p=Path(dir_str) p.mkdir(exist_ok=True)	使用 pathlib，可以创建单个或递归创建文件夹，且如果文件夹存在也可不报错
移动文件夹	shutil.move(src_str,dst_str)	可移动文件或文件夹
复制文件夹	shutil.copytree(src_str,dst_str)	递归地将指定文件夹复制到目标文件夹内，一般用作备份文件夹
删除文件夹	os.rmdir(dir_str)	删除指定文件夹，只能删除单层文件夹，且不为空
	os.removedirs(dir_str)	递归删除指定文件夹，但只会删除非空文件夹
	from pathlib import Path p=Path(dir_str) p.rmdir()	与 os.rmdir 作用相同
	shutil.rmtree(dir_str)	递归删除指定文件夹及子文件夹，不为空也可以，相对比较危险

8.4.4 遍历文件夹

文件夹遍历有单层遍历和递归遍历，如表 8-6 所示。使用 os.listdir() 方法单层遍历文件夹，返回列表，列表内为该文件夹内的所有文件及文件夹名称；使用 os.scandir() 方法返回对指定文件单层遍历的迭代器，可遍历该迭代器，可获取文件或文件夹名称、属性信息；使用 os.walk() 方法递归遍历指定文件夹，包括子文件夹。

表 8-6 遍历文件夹操作

操 作	代 码	说明 / 示例
单层遍历	os.listdir(dir_str)	返回列表，列表内为该文件夹内的所有文件及文件夹名称
	os.scandir(dir_str)	返回对指定文件单层遍历的迭代器，可遍历该迭代器，可获取文件或文件夹名称、属性信息
递归遍历	os.walk(dir_str)	递归遍历指定文件夹，包括子文件夹

【例 8-11】文件夹遍历程序示例。

```
import os
dir_str = 'E:/python/'

dir_list = os.listdir(dir_str)           #使用 listdir() 单层遍历
for file in dir_list:
    if os.path.isfile(os.path.join(os.getcwd(),file)):
        print('是一个文件')

for file in os.scandir(dir_str):         #使用 scandir() 单层遍历
    print(file.name)                     #打印文件名称
    print(file.stat)                     #打印文件属性

#dir_str = '~/downloads/'
dir_iter = os.walk(dir_str)              #使用 os.walk() 递归遍历

for root_dir,dirs,files in dir_iter:     #walk 函数会返回当前遍历文件夹的根目录,该目录
                                         # 下所有文件夹组成的列表及该目录下所有文件组成的
                                         # 列表

    for file in files:
        print(file)
```

8.5 数据组织

在 Python 中，数据组织可以有效地存储和操作大量的数据。Python 提供了许多内置的数据结构和函数，使得数据组织变得更加简单和有效。一系列数据组成的一个有序整体，就是数据组织。Python 中常见的数据组织形式有列表、元组、字典、集合等。

8.5.1 一维数据

一维数据由对等关系的有序或无序数据构成，采用线性方式组织，对应于数学中数组的概念。

存储一维数据可采用空格、逗号、换行符或其他符号分隔数据，其中以逗号分隔的存储格式称为 CSV 格式。

一维数据可以用普通的一维列表、元组或一维集合组织。

```
list1 = [1,2,3]
set1 = set(list1)
```

【例 8-12】将一维数据（列表）写入 CSV 文件中。

```
IS = ['1','3','d','f','8']          #定义一个一维数据,此为列表
file = open('example.csv','w')      #将列表中的内容写入文件中,需要先定义一个文件,覆盖
                                    #写模式
AS = ','.join(IS)                   #将列表 IS 变为字符串,其中的元素用","连接
file.write(AS)                      #写入文件
file.close()                        #关闭文件
```

例 8-12 的程序运行后，将列表 IS 中的一维数据保存到文件 example.csv 中，数据之间用","隔开。

【例 8-13】将 CSV 文件中的数据读出。

对一维数据进行处理，首先需要从 CSV 格式文件读入一维数据，并将其表示为列表对象。

```
file = open('example.csv','r')
print(file.read().strip('\n').split(','))    #strip() 方法去除换行符,split() 方法将字
                                             #符串变为列表的形式
file.close()
```

例 8-13 的程序读取文件 example.csv 中的数据内容，使用 strip() 方法去除文件中的换行符，使用 split() 方法将字符串按照逗号分裂为列表。

8.5.2 二维数据

二维数据由多个一维数据构成，可以看作一维数据的组合形式。二维数据可以由列表或元组的二层嵌套实现。

```
list2 = [[1,2,3],[4,5,6]]
```

二维数据可以用 CSV 格式文件存储。CSV 文件的每一行是一维数据，整个 CSV 文件是二维数据。

【例 8-14】将二维数组存入 CSV 文件中。

```
IS = [['1001','张三',88,86,90],[ '1002','李明',90,88,78]]  #这是一个二维数据
file = open("example1.csv",'w')    #打开文件,创建写的方式
for row in IS:                     #定义一个 row 变量,第一个 row 变量对应 IS 中的第一个元素
    AS = ','.join(row)             #将第一个变量中的列表元素用","连接,使其变为字符串;第二个以
                                   #此类推
    file.write(AS+'\n')            #字符串后面加换行符
file.close()                       #关闭文件
```

例 8-14 的程序将二维列表数据存入 CSV 文件中，文件的每行为一个一维数据，将数据保存

到 CSV 文件中。

【例 8-15】读取 CSV 文件,并将其中的内容读为列表形式。

```
file = open('example1.csv','r')
IS = []                              #先创建一个新列表
for line in file.readlines():        #将 CSV 文件中的每一行读出后插入列表中
    la = line.strip('\n').split(',')
    IS.append(la)
print(IS)
file.close()
```

例 8-15 的程序将 CSV 文件中的数据读出,转换后保存到一个二维列表中。列表中的一个元素为一维数据,对应文件中的一行。

8.5.3 高维数据

高维数据由 key-value 对类型的数据构成,因此可以用 Python 的字典数据类型表示高维数据。

```
dict1 = {"网易":" https://www.163.com/"}
```

高维数据采用对象方式组织,可以多层嵌套。高维数据是 Internet 组织内容的主要形式,高维数据衍生出 HTML、XML、JSON 等具体数据组织的语法结构。高维数据相比一维和二维数据能表达更加灵活和复杂的数据关系。

8.6 本章小结

本章介绍了文件操作与数据组织。open(file,mode)函数用于打开文件,file 参数用于指定操作文件名,mode 参数为一个字符串,表明文件的工作模式。文本文件可以使用 read()、readline()、write()、writeline()、close() 等方法操作。使用 with 语句可以自动安全退出文件,并提示可能的错误信息。CSV 文件在转移表格数据方面应用广泛。JSON 是轻量级的跨语言、跨平台数据交换格式。二进制文件读写使用 read() 和 write() 方法,文件和文件夹的操作主要使用 os、shutil、pathlib 三个包。数据组织包含一组数据、二维数据和高维数据。

在线测试

习题

编程题(按照题目要求,编写程序代码)

1. 读取一个文件,显示除了以 # 号开头的行以外的所有行。
2. 请编写一个程序,在当前工作目录下,创建如下的目录层级结构 backup/new/,然后把整个下载的 source 目录内容,复制到 backup/new/source 目录中。
3. 请编写一个程序,计算出下载的 source 目录(不包含子目录)中所有的文件的大小之和。
4. 请编写一个程序,删除下载的 source 目录(不包含子目录)中所有的扩展名为 bmp 的文件。
5. 已知文本文件中存放了若干数字,请编写程序读取所有数字,在排序后进行输出。

6. 打开一个英文的文本文件，将该文件中的每个字母加密后写入一个新文件中，加密的方法是：将 A 变成 B，B 变成 C，……，Y 变成 Z，Z 变成 A；a 变成 b，b 变成 c……，z 变成 a，其他字符不变化。

7. 打开一个英文文本文件，将其中的大写字母变成小写，小写字母变为大写。

8. 编写一个程序，可以对指定文件中的字符串进行修改，如将文件中所有的 Java 修改为 Python。

9. 将某一目录下的文件名进行批量修改，显示修改后的文件名和原来的文件名。

第 9 章

字符串和文本处理

CHAPTER 9

本章要点
- 字符串
- 正则表达式
- 文本处理

9.1 字符串

9.1.1 字符串的定义

若干字符的集合就是一个字符串。Python 中的单行字符串由双引号（" "）或单引号（' '）标示。

Python 用来标示单行字符串的双引号和单引号没有任何区别。字符串的内容可以包含字母、标点、特殊符号、中文、日文等全世界所有的文字。

字符串的格式为 " 字符串内容 "、' 字符串内容 '。

（1）单引号、双引号：定义单行字符串。
（2）三引号：定义多行字符串。
（3）空字符串：''。
（4）空白字符：' '。

注意：字符串中有单引号时，外面用双引号。使用三引号定义字符串时，可以自由换行，使用单引号和双引号定义的字符串不能换行。

```
>>> s1 = 'abc'
>>> s2 = "123"
>>> s3 = """123"""
>>> print(s1,type(s1))
abc <class 'str'>
>>> print(s2,type(s2))
123 <class 'str'>
>>> print(s3,type(s3))
123 <class 'str'>
>>> s4 = """
"""
>>> print(s4,type(s4))
 <class 'str'>
>>> a1 = ""                    #空字符
>>> a2 = "  "                  #空白字符
```

9.1.2 字符串的基本操作

1. 字符串的转义

使用转义符及斜杠（\）可以对有特殊意义的字符串进行转义。
\'：表示'。
\"：表示"。
\n：表示换行符。
\t：表示水平制表符。

【例 9-1】转义符的含义与应用程序示例。

```
s7 = "Python \njava"
print(s7)
s8 = "Python 1\t\tjava\tphp"
s9 = "Python 2\tjava\tphp"
print(s8)
print(s9)
```

运行结果如下。

```
Python
java
Python 1		java	php
Python 2	java	php
```

关闭字符串转义,可以在字符串前面加 r。

【例 9-2】关闭字符串转义程序示例。

```
file_path = r"D:\PycharmProjects\python\tidea"    #在字符串前面加 r
print(file_path)
```

运行结果如下:

```
D:\PycharmProjects\python\tidea
```

从例 9-2 的程序可以看出,当在字符串前面加 r 后,后面的字符串原样输出,即关闭了字符串转义。

2. 字符串中单引号的打印

需要打印这样的字符串:Python 'java。

(1)使用转义符号 \。

```
>>> s4 = 'Python \'java'
>>> print(s4)
Python 'java
```

(2)使用双引号""。

```
>>> s5 = "Python 'java"
>>> print(s5)
Python 'java
```

从上面程序可以看出,使用双引号或转义符,都可以打印单引号。

3. 字符串的索引取值和切片

字符串的索引,从前往后,第 1 个索引是 0,从后往前,第 1 个索引是 –1。空格也算一个字符。

```
>>> str1 = "hello Python"
>>> res1 = str1[-4]
>>> print(res1)
t
>>> res2 = str1[4]
>>> print(res2)
```

o。

从上面程序可以看出，str1[-4] 是取字符串 "hello Python" 从后往前数第 4 个索引字符 t，str1[4] 是取字符串从前往后数第 4 个索引字符 o。

字符串的切片操作语法格式如下。

[起始索引 : 终止索引 : 步长]

取头不取尾，从起始索引开始，到终止索引的前一个结束。起始索引如果不写则默认从头开始。终止索引如果不写则默认到结束。步长默认为 1，步长是指每多少个字符取一个。

```
>>> res3 = str1[0:4]
>>> print(res3)
hell
```

取出从字符串 "hello Python" 的起始索引（索引 0，包含）到索引 4（不包含）的字符 hell。

```
>>> res4 = str1[:4]
>>> print(res4)
hell
```

起始索引不写，默认从 0 开始。

```
>>> res5 = str1[0:]
>>> print(res5)
hello Python
```

结束索引不写，默认到字符串结束。

```
>>> str2 = "123456789"
>>> print(str2[::3])
147
```

起始索引和结束索引不写，默认取全部字符串，步长为 3，表示每 3 个字符取出一个，结果为 147。

4. 字符串的拼接

字符串的拼接，可以直接使用 "+"。

```
>>> name = " 我的名字叫李明 "
>>> age = " 我今年 18 岁 "
>>> sex = " 性别女 "
>>> user_info = name + ','+ age + ',' + sex + '。'
>>> print(user_info)
```

我的名字叫李明 , 我今年 18 岁 , 性别女。

9.1.3 字符串常用方法

字符串常用方法的调用格式为字符串 . 方法名 ()。

1. find() 方法

在 Python 中，字符串对象的 find() 方法用于检测字符串中是否包含某段子串，并且返回该子串第一次出现的索引位置。如果未找到子串，则返回 -1。find() 方法的基本格式如下：

```
str.find(sub[, start[, end]])
```

sub：要搜索的子字符串。
start：可选参数，指定搜索的起始索引，默认为整个字符串。
end：可选参数，指定搜索的结束索引，默认为字符串的末尾。

请注意，find() 方法是区分大小写的，如果需要进行不区分大小写的搜索，需要先将字符串或子串转换为全小写或全大写。

```
>>> s1 = "hello Python language"
>>> res1 = s1.find('ao',3,14)
>>> print(res1)
-1
```

find() 方法中第一个参数是要查找的字符串，从字符串 s1 的索引 3 到索引 14 没有找到 ao 字符串，因此返回的值为 -1。

```
>>> res2 = s1.find('Py',3,19)
>>> print(res2)
6
```

在 s1 字符串的索引 3 开始到索引 19，Py 出现的索引为 6，空格也算一个字符位置。

```
>>> res3 = s1.find('o',3,13)
>>> print(res3)
4
```

在 s1 字符串中查找 o 出现的位置，如果有多个索引，则返回第一次出现的索引。

2. count() 方法

查找元素个数的方法 count()，用于统计字符串片段在字符串中出现的次数，找不到则返回 0。

```
>>> s1 = "hello Python language"
>>> res4 = s1.count('l')
>>> print(res4)
3
```

查找字符串 s1 中 l 出现的次数，返回的值为 3。

```
>>> res5 = s1.count('Py')
>>> print(res5)
1
```

查找字符串 s1 中 'Py' 出现的次数，返回的值为 1。

3. replacle() 方法

替换字符方法 replace（参数 1，参数 2，参数 3），用于替换指定的字符串片段。参数 1 为要替换的字符串片段，参数 2 为替换之后的字符串片段，参数 3 为替换的次数。从前往后替换，默认替换所有的字符串片段。

```
>>> s1 = "hello Python language"
>>> rest6 = s1.replace('Python','Java',1)
>>> print(rest6)
hello Java language
```

4. split() 方法

字符串分割方法 split（参数 1，参数 2），用于指定分割点对字符串进行分割。参数 1 为分割点，参数 2 为分割的次数。默认找到所有的分割点进行分割。

```
>>> s2 = "c;java;c++;c#;python;php"
>>> res7 = s2.split(";")
>>> print(res7)
['c,java,c++,c#,python,php']
```

将字符串 s2 用规定的字符 ";" 进行分割，得到一个列表。

```
>>> res8 = s2.split(';',2)
>>> print(res8)
['c', 'java', 'c++;c#;python;php']
```

将字符串 s2 用规定的字符 ";" 进行分割 2 次，得到前两个元素 'c' 和 'java'，未分割的元素保留原来的字符串格式。

5. upper() 方法

upper() 方法用于将小写字母转换为大写形式。

```
>>> s3 = "hello Python"
>>> res9 = s3.upper()
>>> print(res9)
HELLO PYTHON
```

6. lower() 方法

lower() 方法用于将大写字母转换为小写形式。

```
>>> s3 = "HELLO PYTHON"
>>> res10 = s3.lower()
>>> print(res10)
hello python
```

7. join() 方法

join() 方法的语法格式为：字符串 x.join（(字符 1，字符 2，…，字符 n），用于将字符串 1 至字符串 n 以字符串 x 的形式进行连接。

```
>>> name = "我的名字叫李明"
>>> age = "我今年 18 岁"
```

```
>>> sex = " 性别女 "
>>> res = ','.join((name,age,sex))
>>> print(res)
我的名字叫李明,我今年18岁,性别女
```

字符串 name、age、sex 用 ","连接成一个字符串。

8. strip() 方法

strip() 方法默认去除字符串首尾的空格,也可用于去除字符串首尾的其他字符串。

```
>>> str1 = '     Python :666      '
>>> print(str1.strip())              #将首尾的空格去除
Python :666

>>> str2 = '666Python :666'
>>> print(str2.strip('6'))           #将字符串首尾的字符串"666"去除
Python :
```

如果要将所有的空格都去除,则可以通过 replace() 方法,将空格替换成 "无"。

```
>>> str3 = '    1: Python    2: java '
>>> res = str3.replace(" ","")
>>> print(res)
1:Python2:java
```

9.1.4 字符串的格式化 format() 方法

1. 格式化输出

在字符串格式化 format() 方法中,有几个花括号就可以传入几个数据,按位置一一对应,在花括号中通过索引位置指定填充的数据内容。

```
>>> s1 = "大家好,我的名字叫{},今年{}岁,性别{}"
>>> print(s1.format('李明',18,'女'))
    大家好,我的名字叫李明,今年18岁,性别女
```

从上面程序可以看出,format() 中有 3 个花括号,可以传入 3 个数据。

```
>>> s2 = "大家好,我的名字叫{0},今年{1}岁,性别{2}"
>>> print(s2.format('李明',18,'女'))
    大家好,我的名字叫李明,今年18岁,性别女
```

从上面程序可以看出,可以在花括号中通过索引位置指定填充的数据内容。

```
>>> s3 = "大家好,我的名字叫{1},今年{2}岁,性别{0}"
>>> print(s3.format('李明',18,'女'))
    大家好,我的名字叫18,今年女岁,性别李明
```

从上面程序可以看出,可以在花括号中通过索引位置,按 0、1、2 的顺序指定填充的数据内容。

在 Python 字符串 format() 方法格式化输出的占位符中,可以使用冒号和格式说明符对变量进行格式化输出。format() 方法的格式化输出及其描述如表 9-1 所示。

表 9-1 format() 方法的格式化输出及其描述

数字	格式	输出	描述
3.1415926	{:.2f}	3.14	保留小数点后 2 位
3.1415926	{:+.2f}	+3.14	带符号保留小数点后 2 位
-1	{:+.2f}	-1.00	带符号保留小数点后 2 位
2.71826	{:.0f}	3	不带小数点
5	{:0>2d}	05	数字补 0，宽度为 2，填充左边
5	{:x<4d}	5xxx	数字补 x，宽度为 4，填充右边
10	{:x<4d}	10xx	数字补 x，宽度为 4，填充右边
1000000	{:,}	1,000,000	表示以逗号分隔的数字格式。当格式化数字时，Python 会在每三位数字之间插入一个逗号，从而提高可读性
0.25	{:.2%}	25.00%	表示百分比格式，保留两位小数。这里 % 表示将数值转换为百分比，而 .2 表示保留两位小数
1000000000	{:.2e}	1.00e+09	表示指数记法，保留两位小数。e 表示指数记法，.2 表示在科学记数法中的数字部分保留两位小数
13	{:>10d}	13	表示右对齐，宽度为 10 的十进制整数。> 表示如果数字的位数小于 10，那么在左侧填充空格
13	{:<10d}	13	表示左对齐，宽度为 10 的十进制整数。< 表示如果数字的位数小于 10，那么在右侧填充空格
13	{:^10d}	13	表示居中对齐，宽度为 10 的十进制整数。^ 表示如果数字的位数小于 10，那么在两侧填充空格
11	'{:b}'.format(11)	1011	二进制
	'{:d}'.format(11)	11	十进制
	'{:o}'.format(11)	13	八进制
	'{:x}'.format(11)	b	十六进制
	'{:0x}'.format(11)	0xb	0x 小写十六进制
	'{:0X}'.format(11)	0xB	0X 大写十六进制

2. 格式化小数长度

当进行浮点数格式化输出时，格式化小数长度输出，遵循四舍五入的规则。

```
>>> pi = float(input("请输入圆周率:"))
请输入圆周率：3.1415926
>>> print("圆周率是{:.2f}".format(pi))    #保留 2 位小数
圆周率是3.14
```

上面程序中 .2f 表示格式化输出小数点保留 2 位。

3. 格式化百分比并控制小数位

```
>>> print('百分比为{:.2%}'.format(0.23455))   #将小数按百分比的形式显示，保留 2 位小数，
                                              #进行四舍五入取值
百分比为23.46%
```

4. 格式化字符串的长度

```
>>> print('{:<4}***'.format('abc'))
abc ***
```

左对齐，字符串宽度为 4 位，不足部分用空格填充。

```
>>> print('{:>4}***'.format('abc'))
 abc***
```

右对齐，字符串宽度为 4 位，不足部分用空格填充。

```
>>> print('{:^8}***'.format('ab'))
   ab   ***
```

居中对齐，字符串宽度为 8 位，不足部分用空格填充。

```
>>> print('{:1<4}***'.format('abc'))
abc1***
```

左对齐，字符串宽度为 4 位，不足位数用指定字符 1 填充。

```
>>> print('{:1>4}***'.format('abc'))
1abc***
```

右对齐，字符串宽度为 4 位，不足部分用指定字符 1 填充。

```
>>> print('{:1^8}***'.format('ab'))
111ab111***
```

居中对齐，字符串宽度为 8 位，不足部分用指定字符 1 填充。

9.2 正则表达式

正则表达式主要用来查找和匹配字符串。正则表达式是一个特殊的字符序列，能方便地检查一个字符串是否与某种模式匹配。Python 自 1.5 版本起增加了 re 模块，re 模块使 Python 语言拥有全部的正则表达式功能。compile() 函数根据一个模式字符串和可选的标志参数生成一个正则表达式对象。该对象拥有一系列方法用于正则表达式匹配和替换。re 模块也提供了与这些方法功能完全一致的函数，这些函数使用一个模式字符串作为它们的第一个参数。本节主要介绍 Python 中常用的正则表达式处理函数。

9.2.1 正则表达式的模式

模式字符串使用特殊的语法表示正则表达式：字母和数字表示自身。正则表达式模式中的字母和数字匹配同样的字符串。多数字母和数字前加一个反斜杠会有不同的含义。标点符号只有在被转义时才匹配自身，否则表示特殊的含义。反斜杠本身需要使用反斜杠转义。模式元素(如 r'\t'，等价于 '\\t') 匹配相应的特殊字符。表 9-2 列出了部分正则表达式的模式语法中的特殊元素。

表 9-2　部分正则表达式的模式语法中的特殊元素

模　　式	描　　述
^	匹配字符串的开头
$	匹配字符串的末尾
.	匹配除换行符以外的任意字符，当 re.DOTALL 标记被指定时，则可以匹配包括换行符的任意字符
[...]	用来表示一组字符，单独列出：[amk] 匹配 'a'，'m' 或 'k'
[^...]	不在 [] 中的字符：[^abc] 匹配除 a、b、c 之外的字符
a| b	匹配 a 或 b
(re)	对正则表达式分组并记住匹配的文本
(?imx)	正则表达式包含三种可选标志：i、m 或 x，只影响括号中的区域
\s	匹配任意空白字符，等价于 [\t\n\r\f]
\S	匹配任意非空字符
\d	匹配任意数字，等价于 [0-9]
\n、\t	匹配一个换行符，匹配一个制表符
\1...\9	匹配第 n 个分组的内容
\10	如果可以匹配，则匹配第 n 个分组的内容，否则指的是八进制字符码的表达式

9.2.2　正则表达式的编译

re 是正则表达式模块，re.compile() 方法用于编译正则表达式，生成一个正则表达式对象，供 match() 和 search() 两个函数使用。

语法格式如下。

```
re.compile(pattern[, flags])
```

pattern：一个字符串形式的正则表达式。

flags：可选，表示匹配模式，如忽略大小写、多行模式等，具体参数如下。

re.I：忽略大小写。

re.L：表示特殊字符集 \w、\W、\b、\B、\s、\S 依赖当前环境。

re.M：多行模式。

re.S：包括换行符在内的任意字符。

re.U：表示特殊字符集 \w、\W、\b、\B、\d、\D、\s、\S 依赖 Unicode 字符属性数据库。

re.X：为了增加可读性，忽略空格和 # 后面的注释。

【例 9-3】正则表达式匹配数字程序示例。

```
import re
pattern = re.compile(r'\d+')                    #用于匹配至少一个数字
m = pattern.match('one12twothree34four')        #查找头部
print(m)
```

```
m = pattern.match('one12twothree34four', 2, 10)    #从e的位置开始匹配 print(m)
m = pattern.match('one12twothree34four', 3, 10)    #从1的位置开始匹配
print(m)            #返回一个match对象 <_sre.SRE_Match object at 0x10a42aac0>
m.group(0)          #可省略参数0,结果为12
m.start(0)          #可省略参数0,结果为3
m.end(0)            #可省略参数0,结果为5
m.span(0)           #可省略参数0,结果为 (3, 5)
```

在例 9-3 的程序中,匹配成功时返回一个 match 对象,其中:group([group1, …]) 方法用于获得一个或多个分组匹配的字符串,当要获得整个匹配的子串时,可直接使用 group() 或 group(0);start([group]) 方法用于获取分组匹配的子串在整个字符串中的起始位置(子串第一个字符的索引),参数默认值为 0;end([group]) 方法用于获取分组匹配的子串在整个字符串中的结束位置(子串最后一个字符的索引 +1),参数默认值为 0;span([group]) 方法返回(start(group),end(group))。

【例 9-4】正则表达式匹配字符串程序示例。

```
import re            #导入Python的正则表达式模块
pattern = re.compile(r'([a-z]+)([a-z]+)', re.I) #编译一个正则表达式模式
# 该模式匹配两个或更多连续的小写字母,re.I 是忽略大小写的标记
m = pattern.match('Hello World Python') #使用该模式在字符串 'Hello World Python'
                                         #上进行匹配
print(m)            #打印匹配对象,如果匹配成功,将打印出匹配对象的信息
m.group(0)          #获取整个匹配的字符串,即整个正则表达式匹配到的部分
m.span(0)           #返回一个元组,包含整个匹配字符串的起始索引和结束索引
m.group(1)          #获取第一个括号内的匹配字符串,即第一个 [a-z]+ 匹配到的部分
m.span(1)           #返回一个元组,包含第一个括号内匹配字符串的起始索引和结束索引
m.group(2)          #获取第二个括号内的匹配字符串,即第二个 [a-z]+ 匹配到的部分
m.span(2)           #返回一个元组,包含第二个括号内匹配字符串的起始索引和结束索引
m.groups()          #返回一个包含所有括号内匹配组的元组
#m.group(3)         #因为正则表达式中只有两个括号分组,所以没有第三个括号组可以匹配。会产生错
                    #误信息,不存在第三个分组 Traceback (most recent call last): File
                    #"<stdin>", line 1, in <module> IndexError: no such group
```

在 Python 中,使用 re 模块可以进行正则表达式的操作。在程序示例中,正则表达式 ([a-z]+)([a-z]+) 会匹配两个连续的单词,因为 [a-z]+ 表示一个或多个小写字母,而圆括号 () 表示一个分组。re.I 是正则表达式中的一个标志,表示进行不区分大小写的匹配。

匹配的字符串 'Hello World Python',m.group(0) 将会匹配到 'Hello World',m.group(1) 将会是 'Hello',而 m.group(2) 将会是 'World'。由于只有两个单词被匹配,所以 m.group(3) 是无效的,因为它超出了正则表达式中分组的数量。

9.3 文本处理

Python 文本处理是一种处理文本数据的技术,可以用于文本分析、文本挖掘、自然语言处理等领域。

9.3.1 文本统计

Python 可以实现稳步统计功能,使用 jieba 库将输入的文本进行分词,并统计每个词出现的

次数，按照出现的次数降序排序，输出前 N 个词及其出现的次数。

jieba 库是一款优秀的 Python 第三方中文分词库。中文文本需要通过分词获得单个词语。jieba 库的分词原理是利用一个中文词库，确定汉字之间的关联概率，汉字间关联概率大的组成词组，形成分词结果。除了分词，用户还可以添加自定义的词组。

【例 9-5】jieba 分词的使用及文本词频统计。

问题描述：统计并输出《三国演义》中出场次数最多的前 15 位人物。

实例分析：《三国演义》中文分词，需要用到中文分词库 jieba 。除基本的词频统计外，还需要注意的是书中人物多具有别称和代称，如诸葛亮，也可称为孔明、丞相等。因此在处理时需要将这些名称和代称都视为一种情况。同时也要排除一些常用的词语，如将军、却说、二人、荆州、不可等。这些干扰词汇是多次经过词频统计程序运行后得到的。

具体步骤及代码分析：首先下载保存文本文件。文本下载地址:《三国演义》https://www.qis123.com/downtxt/14468.html。

```python
import jieba
txt = open("threekingdoms.txt", "r", encoding = "utf-8").read()   #以utf-8格式打
                                                                  #开文件
excludes = {"将军","却说","二人","不可","荆州","不能","如此","商议","
如何","主公","军士","左右","军马","引兵","次日","大喜","天下","东吴",
"于是","今日","不敢","魏兵","陛下","一人","都督","人马","不知","汉中",
"只见","众将","后主","蜀兵","上马","大叫","太守","此人","夫人","先主",
"后人","背后","城中","天子","一面","何不","大军","忽报","先生","百姓
","何故","然后","先锋","不如","赶来"}         #列出干扰词汇库
words = jieba.lcut(txt)                        #得到中文分词列表
counts = {}                                    #创建一个空字典
for word in words:
    if len(word) == 1:
        continue
    elif word == "诸葛亮" or word == "孔明曰":  #列举排除相同情况
        rword = "孔明"
    elif word == "玄德" or word == "玄德曰":
        rword = "刘备"
    elif word == "孟德" or word == "孟德曰" or word == "丞相":
        rword = "曹操"
    elif word == "关公" or word == "云长":
        rword = "关羽"
    elif word == "张翼德" or word == "翼德":
        rword = "张飞"
    else:
        rword = word
    counts[rword] = counts.get(rword, 0) + 1    #若字典中没有则创建key-value对，有
                                                #则在原有值上加1
for word in excludes:
    del counts[word]                            #删除非人名高频词
items = list(counts.items())                    #将无序的字典类型转换为可排序的列表类型
items.sort(key = lambda x: x[1], reverse = True)  #以第2列值为标准，从大到小进行
                                                  #排序
for i in range(15):
    word, count = items[i]
print("{0:<10}{1:>5}".format(word, count))      #格式化输出前15个高频出现的人物
```

运行结果如下:

```
曹操      1451
孔明      1383
刘备      1252
关羽      784
张飞      393
吕布      300
赵云      278
孙权      264
司马懿    221
周瑜      217
袁绍      191
马超      185
魏延      180
黄忠      168
姜维      151
```

9.3.2 文本相似度

1. 分词

分词是将文本分割成单词或词组的过程。可以使用 Python 的 nltk 库进行分词。

【例 9-6】文本分词的程序示例。

```
import nltk
text = "This is an example sentence."
tokens = nltk.word_tokenize(text)
print(tokens)
```

在例 9-6 程序中,nltk.word_tokenize() 方法将文本分割成单词列表。

2. 去除停用词

停用词是指在文本中频繁出现但没有实际意义的词语,如 the、a、an 等。可以使用 Python 的 nltk 库去除停用词。

【例 9-7】去除停用词的程序示例。

```
import nltk
from nltk.corpus import stopwords
text = "This is an example sentence."
tokens = nltk.word_tokenize(text)
stop_words = set(stopwords.words("english"))
filtered_tokens = [token for token in tokens if token.lower() not in stop_words]

print(filtered_tokens)
```

在例 9-7 程序中,stopwords.words("english") 方法返回英文停用词列表。使用列表推导式过滤停用词。

3. 词性标注

词性标注是将单词标记为对应词性的过程。可以使用 Python 的 nltk 库进行词性标注。

【例 9-8】词性标注的程序示例。

```
import nltk
text = "This is an example sentence."
tokens = nltk.word_tokenize(text)
tagged_tokens = nltk.pos_tag(tokens)
print(tagged_tokens)
```

在例 9-8 程序中，nltk.pos_tag() 方法将单词标记为对应词性。

4. 文本相似度计算

文本相似度计算是比较两个文本之间相似程度的过程。可以使用 Python 的 nltk 库进行文本相似度计算。

【例 9-9】文本相似度计算的程序示例。

```
import nltk
from nltk.corpus import stopwords
from nltk.tokenize import word_tokenize
from nltk.stem import WordNetLemmatizer
from sklearn.feature_extraction.text import TfidfVectorizer
from sklearn.metrics.pairwise import cosine_similarity

text1 = "This is an example sentence."           #定义文本
text2 = "This is another example sentence."      #定义文本

stop_words = set(stopwords.words("english")) #分词、去除停用词、词形还原
lemmatizer = WordNetLemmatizer()

tokens1 = [lemmatizer.lemmatize(token.lower()) for token in word_tokenize(text1) if token.lower() not in stop_words]
tokens2 = [lemmatizer.lemmatize(token.lower()) for token in word_tokenize(text2) if token.lower() not in stop_words]

vectorizer = TfidfVectorizer()                              #计算TF-IDF向量
vectors = vectorizer.fit_transform([text1, text2])
similarity = cosine_similarity(vectors[0], vectors[1])#计算余弦相似度
print(similarity)
```

在例 9-9 程序中，使用 nltk 库进行分词、去除停用词、词形还原。使用 sklearn 库的 TfidfVectorizer 类计算 TF-IDF 向量，使用 cosine_similarity 函数计算余弦相似度。

9.4 本章小结

本章详细地介绍了字符和字符串的格式化。% 操作符可以将其他值转换为包含标志的字符串如 %s、%d、%.2f 等。还可以对数值进行不同方式的格式化，包括左右对齐、设定字段宽度及精度值、增加符号或左右填充字符等。

字符串方法有很多，使用字符串方法可以方便地对字符串进行处理，如分割、连接、大小写转换等。字符串相关的方法包括 count() 方法、find() 方法、join() 方法、replace() 方法、split() 方法等。

文本处理是字符串组成文本的高级应用，涉及文本数据的统计，以及文本相似度的计算。

习题

在线测试

编程题（按照题目要求，编写程序代码）

1. 有变量 name = "aleX leNb" 完成操作：移除 name 变量对应值两边的空格，并输出处理结果。
2. 将 name 变量 name = "aleX leNb " 对应值中所有的空格去除掉，并输出处理结果。
3. 判断 name 变量 name = "leX leNb" 是否以 "al" 开头，并输出结果，用两种方式：切片和字符串拼接方法。
4. 将 name 变量 name = " aleX leNb " 对应的值中的所有的 l 替换为 p，并输出结果。
5. 通过对 s 切片形成新的字符串 123。s = "123a4b5c"。
6. 通过对 s 切片形成新的字符串 a4b，s = "123a4b5c"。
7. 使用 while 循环输出字符串 s = "hello world" 中的每个元素。
8. 使用 while 循环对 s = "321" 进行循环，打印的内容依次是：倒计时 3 秒、倒计时 2 秒、倒计时 1 秒、出发！（提示：使用字符串方法中的格式化）。
9. 实现一个整数加法计算器实现两个数相加。实现功能描述：content = input (" 请输入内容 :")，用户输入 "5+9 或 5+ 9 或 5 + 9（含空白）"，分割转换后计算得到结果。
10. 计算用户输入的内容中有几个 s 字符。
11. 制作趣味模板程序需求：等待用户输入名字、地点、爱好，根据用户的名字和爱好进行实现。例如，敬爱可亲的 xxx，最喜欢在 xxx 地方做 xxx（字符串格式化）。

第10章 异常处理

CHAPTER 10

本章要点

- 异常概述
- Python 异常处理结构
- 自定义异常
- 断言与上下文管理

Python 异常（exceptions）是指在程序运行中产生的错误，一般情况下，在 Python 无法正常处理程序时就会发生一个异常。这个异常可以是 Python 内置的错误类型，也可以是开发者自定义的错误类型。异常是一个事件，会影响程序的执行流程，若没有用正确的方式捕获产生的异常，代码就会终止运行。

10.1 异常概述

异常是指程序运行时引发的错误。引发错误的原因有很多，如除零、索引越界、文件不存在、网络异常、类型错误、名字错误、字典键错误、磁盘空间不足等。

这些错误如果得不到正确的处理将会导致程序运行终止，而合理地使用异常处理结构可以使程序更加稳定，具有更强的容错性，不会因为用户的错误输入或其他运行原因造成程序终止，也可以使用异常处理结构为用户提供更加友好的提示。

【例 10-1】产生异常情况的程序示例。

将一个字母转换为整型，这时 Python 会自动抛出 TypeError 异常。

```
>>> int("Python")
Traceback (most recent call last):
File "<stdin>", line 1, in <module>
ValueError: invalid literal for int() with base 10: 'Python'
```

从字典中取一个不存在的键，Python 会自动抛出 KeyError 异常。

```
>>> dict_demo = {}
>>> key_demo = dict_demo["fun"]
Traceback (most recent call last):
File "<stdin>", line 1, in <module>
KeyError: 'fun'
```

例 10-1 程序出现的 TypeError 和 KeyError 异常都是 Python 内置的异常类型，没有对异常进行处理，程序运行就会中断。

10.2 Python 异常处理结构

try...except... 结构在 Python 异常处理结构中使用最为频繁，其中 try 子语句中的代码为可能引发异常的语句，except 子语句捕获相应的异常。也可以为理解为，当 try 子语句代码执行异常并且被捕获时，执行 except 子语句块。

10.2.1 try...except... 语句

try...except... 语句结构如下。

```
try:
    语句块
```

```
except Exception[as reason]:
    语句块
```

try 后面的语句为被监控的 try 语句块,当这部分语句发生异常时,抛出的异常在 except 子语句后面处理。except 子语句可以在异常类名字后指定一个变量。

```
try:
    #尝试引发一个带有参数 'spam' 和 'eggs' 的 Exception 异常
    raise Exception('spam', 'eggs')
except Exception as inst:
    #打印出异常实例的类型,应该是 <class 'Exception'> 或者 Exception 的完整路径
    print(type(inst))
    #打印出引发异常时传入的参数,即 ('spam', 'eggs')
    print(inst.args)
    # 打印出异常的字符串表示,通常包含异常类型和参数,如 "Exception: ('spam','eggs')"
    print(inst)
```

在这个 try 块中,尝试引发一个带有字符串参数'spam'和'eggs'的 Exception 异常。如果异常被成功引发,程序控制流将跳转到 except 块。在 except 块中,捕获了异常实例并将其赋值给变量 inst。然后,通过打印 inst 的类型、参数以及实例本身来获取异常的相关信息。

try...except... 语句的工作原理是如下。当开始一个 try 语句后,Python 就在当前程序的上下文中作标记,这样当异常出现时就可以回到作标记处,即 try 子语句先执行,接下来会发生什么取决于执行时是否出现异常。

如果当 try 后的语句执行时发生异常,Python 就跳回并执行第一个匹配该异常的 except 子语句,异常处理完毕,控制流就通过整个 try 语句。如果在 try 后的语句中发生了异常,却没有匹配的 except 子语句,异常将被递交到上层的 try 或程序的最上层。

【例 10-2】try...except...else 异常处理语句程序示例。

```
a_list = ['中国','美国','英国','法国','俄罗斯']
while True:
    n = input('请输入字符串的序号:')
    try:
        n = int(n)
        print(a_list[n])
    except IndexError:
        print('列表的索引必须为[0,4]之间的整数')
    else:
        break
```

如果在 try 子语句执行时没有发生异常,Python 将执行 else 语句后的语句(若有 else 语句),然后控制流就通过整个 try 语句。

【例 10-3】文件内容异常检测程序示例。

```
try:
    fh = open("testfile.txt", "r")
    fh.write("这是一个测试文件,用于测试异常!!")
except IOError:
    print("Error: 没有找到文件或读取文件失败")
else:
```

```
        print(" 内容写入文件成功 ")
        fh.close()
```

在例 10-3 程序运行时,如果 testfile.txt 文件不存在,则抛出异常,显示 "Error: 没有找到文件或读取文件失败"。如果该文件存在,运行 try 语句块没有抛出异常,则运行 else 后面的语句,显示 "内容写入文件成功"。

10.2.2　多个 except 的 try 语句

带有多个 except 的 try 语句结构,可用于捕获多个异常。当程序可能存在多个异常时,可以定义多个 except 子语句来捕获多个异常,也可以在一个 except 子语句中声明多个异常。定义多个 except 子语句捕获多个异常的语句如下。

```
try...except...except...
```

【例 10-4】多个 except 子语句捕获异常程序示例。

```
try:
    x = input(' 请输入被除数:')
    y = input(' 请输入除数:')
    z = float(x) / float(y)
except ZeroDivisionError:
    print(' 除数不能为零 ')
except ValueError:
    print(' 被除数和除数应为数值类型 ')
except NameError:
    print(' 变量不存在 ')
else:
    print(x, '/', y, ' = ', z)
```

例 10-4 程序运行时,如果除数为零,则抛出异常 ZeroDivisionError,显示 "除数不能为零",如果被除数、除数不是数字,则抛出异常 ValueError,显示 "被除数和除数应为数值类型"。

10.2.3　try...except...finally 语句

Python 异常处理机制还提供了一个 finally 语句,通常用来为 try 语句块中的程序作扫尾清理工作。在整个异常处理机制中,无论 try 语句块是否发生异常,最终都要进入 finally 语句,并执行其中的代码块。

【例 10-5】try...except...finally 处理文件读取程序实例。

```
try:
    #尝试打开名为 'read1.txt' 的文件,并将文件对象赋值给变量 f
    f = open('read1.txt')

except FileNotFoundError as e:
    #然后打印出异常信息 e,这通常包含了错误信息,如文件路径或文件
    # 不存在的说明
    print(e)
else:
```

```
        print(" 文件读写正常 ")
finally:              #无论 try 块中的代码是否成功执行，或者是否捕获到异常
                      #finally 块中的代码都会执行
    print("over")     #打印 "over", 整个 try...except...finally 结构的执行结束
```

例 10-5 程序运行时，如果文件 read1.txt 文件不存在，则抛出异常 [Errno 2] No such file or directory: 'read1.txt'，然后运行 finally 语句块，显示 over。

如果文件 read1.txt 存在，显示"文件读写正常"，然后运行 finally 语句块，显示 over。

无论是否抛出异常，都会运行 finally 语句块。采用 try...except...finally 语句结构进行资源回收，通常把要回收的资源放到 finally 语句块中。

10.3 自定义异常

程序可以通过创建一个新的异常类来命名自己的异常。Python 异常有一个大基类，继承自 Exception 类。因此，定制的异常类也必须直接或间接地继承 Exception 类。

通常可以继承 Exception 或其子类。命名通常以 Error 和 Exception 为后缀。自定义一个异常的过程如下。

（1）定义异常类，从 Exception 类别继承。
（2）在 try 子语句中使用 raise 语句会引起异常。
（3）except 子语句捕获异常，并执行相关命令。

【例 10-6】自定义的异常程序示例。

```
class ShortInputException(Exception):
    def __init__(self, length, atleast):
        self.length = length
        self.atleast = atleast
def main():
    try:
        s = input('请输入 --> ')
        if len(s) < 3:                          #长度小于 3 使用 raise 引发一个自定义的异常
            raise ShortInputException(len(s), 3)
    except ShortInputException as result:       #这个变量被绑定到了错误的实例
        print('ShortInputException: 输入的长度是 %d, 长度至少应是 %d'% (result.length,
result.atleast))
    else:
        print(' 没有异常发生 ')
main()
```

运行结果如下。

```
请输入 --> a
ShortInputException: 输入的长度是 1, 长度至少应是 3
请输入 --> python
没有异常发生
```

例 10-6 程序运行时，如果输入的字符串长度大于 3，则没有发生异常，运行 else 后面的语句，显示"没有异常发生"。如果输入的字符串长度小于 3，则发生异常，采用 raise 引发一个自己定

义的异常，显示自定义异常的内容。

10.4 断言与上下文管理

断言与上下文管理是两种比较特殊的异常处理方式，在形式上比异常处理结构要简单一些。

断言一般用来判断一些布尔语句，在断言成功时不采取任何措施，否则触发 AssertionError（断言错误）的异常。

with 是一种上下文管理协议，目的在于从流程中把 try...except...finally 语句的关键字和资源分配释放相关的代码去掉，从而简化 try...except...finlally 语句的处理流程。

1. 断言

断言语句格式为 assert expression[, reason]。

当判断表达式 expression 为真时，程序正常运行。如果表达式为假，则抛出异常。断言语句一般用于对特定必须满足的条件进行验证。

【例 10-7】断言程序示例。

```
a = 3
b = 5
assert a == b, 'a must be equal to b'
```

运行结果如下。

```
AssertionError: a must be equal to b
```

采用 try...except 语句可以实现相同的处理。

```
try:
    assert a == b, 'a must be equal to b'
except AssertionError as reason:
    print('%s:%s'%(reason.__class__.__name__, reason))
```

运行结果如下。

```
AssertionError:a must be equal to b
```

2. 上下文管理

使用 with 自动关闭资源，可以在代码块执行完毕后，还原进入该代码块时的现场，无论何种原因跳出 with 块，无论是否发生异常，总能保证文件被正确关闭，资源被正确释放。with 语句的语法如下。

```
with context_expr [as var]:
    With 语句块
```

【例 10-8】上下文管理程序示例。

输出文本文件中的所有行。

```
with open("testfile.txt") as f:
    for line in f:
        print(line, end = "")
```

例 10-8 程序运行时,打开 testfile.txt 文件,读取文件中的内容,当退出 with 语句块时,自动关闭文件,不需要写显式的 close(f)语句来确保文件的正常关闭。

10.5 本章小结

本章介绍了异常及其处理、断言与上下文管理。异常类继承自 Exception 类,用于捕获并处理异常,尝试将程序从异常中拯救出来,使程序能继续正常运行。try...except...else...finally 语句用于捕获并处理异常。assert 为断言,用来判断一些布尔语句,在断言成功时不采取任何措施,否则触发 AssertionError(断言错误)的异常。with 用于一种上下文管理,无论程序以何种原因跳出 with 语句块,无论是否发生异常,总能保证文件被正确关闭,资源被正确释放。

习题

在线测试

一、判断题(判断以下说法是否正确)

1. Python 内置的 open() 函数,打开文件时可能会产生异常。( )
2. 在 try...except...else 结构中,如果 try 语句块的语句引发了异常,则会执行 else 语句块中的代码。( )
3. 在 Python 异常处理中,只能有一个 try 语句,但可以有多个 except 语句。( )
4. 在 Python 中,如果 try 语句块发生了一个异常,与该异常匹配的所有 except 子语句均会执行。( )
5. 在 Python 异常处理中,在 try 语句块发生异常后,会执行第一个该异常匹配的 except 子句,其他 except 子句则不再执行。( )

二、选择题(从 A、B、C、D 四个选项中选择一个正确答案)

1. 以下语句解释器会抛出错误信息( )。

```
s = [1,2,3]
y = s[3]
```

    A. NameError   B. IndexError   C. SyntaxError   D. TypeError

2. ( )是唯一不在运行时发生的异常。

    A. NameError   B. ZeroDivisionError   C. SyntaxError   D. KeyError

3. Python 异常处理中不会用到的关键字是( )。

    A. if   B. finally   C. else   D. try

4. 以下关于 try...except 的说法,正确的是( )。

    A. try...except 可以捕获所有类型的程序错误

    B. 编写程序时应尽可能多地使用 try...except,以提供更好的用户体验

C. try...except 在程序中不可替代

D. try...except 通常用于检查用户输入的合法性、文件打开或网络获取的成功性等

5. 当 try 语句中没有任何错误信息时，一定不会执行（　　）语句。

  A. try   B. else   C. finally   D. except

6. （　　）用于触发异常。

  A. try   B. raise   C. catch   D. except

三、编程题（按照题目要求，编写程序代码）

1. 输入一个非空字符串和一个索引值，输出字符串中，该索引值对应的字符。若发现异常，则输出"输入下标有误"。

2. 读入 1 个整数 A，然后输出 20/A 的值，保留两位小数；如果输入不正确，则输出相应的异常信息。

3. 编写程序，以指定文件路径、读方式打开指定文件名，要求如果文件不存在，则提示异常错误并创建新的同名文件。

第11章

Tkinter 图形用户界面

CHAPTER 11

本章要点
- Python 的常用 GUI 工具库
- Tkinter 类的方法
- Tkinter 窗体控件布局
- Tkinter 常用控件
- 对话框
- 事件响应

图形用户界面（Graphical User Interface，GUI），又称图形用户接口，是指采用图形方式显示的计算机操作用户界面。图形用户界面是一种人与计算机通信的界面显示格式，允许用户使用鼠标等输入设备操纵屏幕上的图标或选项，以选择命令、调用文件、启动程序或执行一些其他日常任务。

11.1 Python 的常用 GUI 工具库

Python 作为一门易学易用、简单方便的编程语言，其第三方的优秀工具库数不胜数。在 GUI 方向，常用的工具库有 Tkinter、wxPython、PyQt、PyGtk、Kivy、FLTK 和 OpenGL 等。本节介绍常用的 GUI 库。

1. Tkinter

Tkinter 是 Python Tk GUI 工具包的标准接口，可以在大多数 Unix/Linux 系统使用，也可以应用在 Windows 和 Mac 系统中。Tk8.0 的后续版本可以实现本地窗口风格，并良好地运行在绝大多数平台中。

优点：Tkinter 是 Python 的内置库，无须下载，不存在兼容问题，且有非常详细的说明文档。

缺点：使用 Tkinter 实现的效果较为普通。

2. wxPython

wxPython 是一个创建桌面 GUI 应用的跨平台工具包，使用 C++ 编写，主要开发者是 Robin Dunn。使用 wxPython，开发者可以在 Windows、macOS 和多种 Linux 系统上开发应用程序。

优点：wxPython 是一个免费可移植的 GUI 类库，可在 Windows、macOS X、GTK、X11 等许多平台使用，可用于多种语言，包括 Python、Perl、Ruby 等。

缺点：使用 wxPython 设计的界面美观程度和灵活性较为普通。

3. PyQt

PyQt 是 Qt 框架的 Python 语言实现，由 Riverbank Computing 公司开发，是最强大的 GUI 库之一。PyQt 提供了一个设计良好的窗口控件集合，每个 PyQt 控件都对应一个 Qt 控件，因此 PyQt 的应用程序接口（application programming interface，API）与 Qt 很接近。

优点：PyQt 的功能非常强大，可以用 PyQt5 设计漂亮的界面。支持可视化界面设计，对新手非常友好，可以通过拖动一些模块完成一些通过编写代码才能完成的工作，与 C++ 的 Qt 是一样的。

缺点：PyQt 学习起来有一定难度。

4. PyGtk

优点：PyGtk 跟 PyQt 一样，可以实现很不错的效果，并且同样有 UI 设计工具 Glade。

缺点：PyGtk 更适合 GNOME 平台。

5.Kivy

优点：Kivy 是一个开源的 Python 框架，可用于快速开发应用，实现各种当前流行的用户界面，如多点触摸等。Kivy 可以运行于 Windows、Linux、macOS、Android、iOS 等绝大部分主流桌面/移动端操作系统。Kivy 基于 Python 界面文件和程序文件相互分离的设计思路,设计简洁优雅,语法简单,适合入门学习。

缺点:Kivy 的中文文档目前还不是特别全面,大多数教程还是英文版本。

11.2 Tkinter 类的方法

Tkinter 类就是一个窗口,实例化一个 Tkinter 类之后再调用它的 mainloop() 方法就会显示窗口。表 11-1 是 Tkinter 类的常用方法。

表 11-1 Tkinter 类的常用方法

常 用 方 法	描 述
title()	设置窗口标题
iconbitmap()	设置窗口 logo,建议写绝对路径
geometry()	设置窗口大小,单位是像素
attributes ("-topmost", 1)	将窗口设置为置顶(显示为当前活动窗口)
protocol('WM_DELETE_WINDOW', lambda: clos_window())	设置右上角(X)单击事件,退出/关闭窗口
destroy()	直接退出/关闭窗口
winfo_screenwidth()	获取屏幕宽度
winfo_screenheight()	获取屏幕高度
mainloop()	界面循环,即显示窗口变化

【例 11-1】Tkinter 类常用方法和属性应用程序示例。

```
import Tkinter as ttk
root = ttk.Tk()
root.title(" 主窗口 ")                          #设置窗口标题
root.geometry("500x200")                       #设置窗口大小
root.geometry("+300+300")                      #设置窗口与屏幕左边和上边的距离,即窗口位置
root.resizable(True, True)                     #设置窗口宽、高是否可以拉伸
root.minsize(100, 60)                          #设置窗口可拉伸的最小值
root.maxsize(1000, 500)                        #设置窗口可拉伸的最大值
# root.iconbitmap("test_ico.ico")              #设置 ico 格式图标
# root.iconphoto(False, ttk.PhotoImage(file = "test_ico.png"))  # 设置 png 格式图标
root.update()                                  #刷新窗口,可避免获取窗口宽高不准等问题
print(root.winfo_width())                      #获取窗口宽度
print(root.winfo_height())                     #获取窗口高度
print(root.winfo_screenwidth())                #获取屏幕宽度
print(root.winfo_screenheight())               #获取屏幕高度
print(root.winfo_x())                          #获取窗口距离屏幕左边的距离
print(root.winfo_y())                          #获取窗口距离屏幕上边的距离

def on_closing():
    print(" 监听到关闭窗口 ")
    root.destroy()

root.protocol("WM_DELETE_WINDOW", on_closing)  #监听协议事件
root.mainloop()                                #显示窗口
```

例 11-1 程序运行时，会显示一个窗口，窗口的大小由 root.geometry（"500x200"）设定。窗口可拉升的最大值由 root.maxsize(1000, 500) 设定，最小值由 root.minsize(100, 60) 设定。设计了一个关闭窗口函数 on_closing()，当检测到关闭窗口时，运行该函数。循环显示窗口使用 root.mainloop() 方法。

11.3 Tkinter 窗口控件布局

布局管理通过管理控件在窗口中的位置（排版）实现对窗口和控件的布局。Tkinter 提供了三种常用的布局管理器方法，分别是 pack()、grid() 及 place() 方法，如表 11-2 所示。

表 11-2 Tkinter 常用的布局管理器方法

名 称	说 明
pack()	按照控件的添加顺序进行排列，此方法灵活性较差
grid()	以行和列（网格）形式对控件进行排列，使用起来较为灵活
place()	可以指定组件大小及摆放位置，是三种方法中最为灵活的布局方法

11.3.1 pack() 方法

pack() 方法，可以在不使用任何参数的情况下，将控件以添加时的先后顺序，自上而下，一行一行地进行排列，并且默认居中显示。pack() 方法的常用参数如表 11-3 所示。

表 11-3 pack() 方法的常用参数

名 称	说 明
anchor	组件在窗口中的对齐方式，有 9 个方位参数值，如 "n"、"w"、"s"、"e" / "ne"，以及 "center" 等（这里的 e w s n 分别代表东西南北）
expand	是否可扩展窗口，参数值为 True（扩展）或 False（不扩展），默认为 False，若设置为 True，则控件的位置始终位于窗口的中央位置
fill	参数值为 X、Y、BOTH、NONE，表示允许控件同时在水平 / 垂直 / 两个方向上进行拉伸，比如当 fill = X 时，控件会占满水平方向上的所有剩余空间
ipadx、ipady	需要与 fill 参数值共同使用，表示组件与内容和组件边框的距离（内边距），如文本内容和组件边框的距离，单位为像素、厘米或英寸
padx、pady	用于控制组件之间上下、左右的距离（外边距），单位为像素、厘米或英寸
side	组件放置在窗口的位置，参数值 'top'、'bottom'、'left'、'right'。注意，英文字母小写时需要使用字符串格式，若为大写字母则不必使用字符串格式

【例 11-2】pack() 方法布局应用程序示例。

```
from Tkinter    import (
    Tk, GROOVE, RAISED,
    Label, X, LEFT, BOTH
)
win = Tk()
win.title("Python 程序设计 ")
win.config(bg = "pink")
```

```
win.geometry('380x270')
win.resizable(0, 0)                             #窗口不允许改变
#win.iconbitmap('./Python.png')

lb_red = Label(win, text = "红色", bg = "Red", fg = '#ffffff', relief = GROOVE)
lb_red.pack()                                   #默认以 top 方式放置
lb_blue = Label(win, text = "蓝色", bg = "blue", fg = '#ffffff', relief = GROOVE)
lb_blue.pack(fill = X, pady = '5px')            #沿着水平方向填充
lb_green = Label(win, text = "绿色", bg = "green", fg = '#ffffff', relief = RAISED)
#将绿色标签所在区域都填充为绿色,当使用 fill 参数时,必须设置 expand = 1,否则不能生效
lb_green.pack(side = LEFT, expand = 1, fill = BOTH)
win.mainloop()
```

例 11-2 程序运行时,采用 pack() 方法,将红、绿、蓝三个 Label 控件按顺序自上而下地布局,并填充颜色。

11.3.2 grid() 方法

grid() 方法是一种基于网格式的布局管理方法,相当于把窗口看成一张由行和列组成的表格。使用 grid() 方法进行布局时,表格内的每个单元格都可以放置一个控件,从而实现对界面的布局管理。grid() 方法的常用参数如表 11-4 所示。

表 11-4 grid() 方法的常用参数

名称	说明
column	用于指定控件位于表格中的第几列,窗口最左边的列为起始列,默认为第 0 列
columnsapn	控件实例所含的列数,默认为 1 列,通过该参数可以合并一行中多个邻近单元格
ipadx、ipady	用于控制内边距,在单元格内部,左右、上下方向上填充指定大小的空间
padx、pady	用于控制外边距,在单元格外部,左右、上下方向上填充指定大小的空间
row	用于指定控件位于表格中的第几行,窗口最上面的行为起始行,默认为第 0 行

【例 11-3】 grid() 方法布局应用程序示例。

```
from Tkinter     import (
    Tk, Button, Label
)
win = Tk()
win.title("Python 程序设计 ")
win.config(bg = "pink")
win.geometry('420x270')
win.resizable(0, 0)                             #窗口不允许改变
#win.iconbitmap('./Python.png')

for i in range(8):
    for j in range(8):
        Button(win, text = " (" + str(i) + "," + str(j) + ")", bg = '#D1EEEE').\
            grid(row = i, column = j)           #在窗口内创建按钮,以表格的形式依次排列
Label(win, text = "Python 语言", fg = 'blue', font = ('楷体', 12, 'bold')).\
    grid(row = 4, column = 11)                  #在第 5 行第 12 列添加一个标签
win.mainloop()                                  #开始窗口的事件循环
```

例 11-3 程序采用 grid() 方法进行表格式的布局，row 为行，column 为列。要改变控件的位置，只需要修改其 row 和 column 参数。

11.3.3 place() 方法

采用 place() 方法可以更加精细地进行布局管理，通过 place() 方法可以直接指定控件在窗体内的绝对位置，或相对于其他控件定位的相对位置。Place() 方法的常用参数如表 11-5 所示。

表 11-5 place() 方法的常用参数

名 称	说 明
anchor	定义控件在窗体内的方位，参数值为 N、NE、E、SE、S、SW、W、NW 或 CENTER，默认值是 NW
bordermode	定义控件的坐标是否要考虑边界的宽度，参数值为 OUTSIDE（排除边界）或 INSIDE（包含边界），默认值为 INSIDE
x、y	定义控件在根窗体中水平和垂直方向上的起始绝对位置
relx、rely	（1）定义控件相对于根窗口（或其他控件）在水平和垂直方向上的相对位置（即位移比例），取值为 0~1.0； （2）可设置 in_ 参数项，给出相对于某个其他控件的位置
height、width	控件自身的高度和宽度（单位为像素）
relheight、relwidth	控件高度和宽度相对于根窗体高度和宽度的比例，取值也为 0~1.0

【例 11-4】place() 方法布局应用程序示例。

```
from Tkinter   import (
    Tk, SUNKEN, Label,
    Frame, TOP, BOTH, NE
)

win = Tk()
win.title("Python 程序设计 ")
win.config(bg = "pink")
win.geometry('380x270')
win.resizable(0, 0) #窗口不允许改变
#win.iconbitmap('./Python.png')

frame = Frame(win, relief = SUNKEN, borderwidth = 2, width = 450, height = 250)   #创建一个 frame 窗体对象，用来包裹标签
frame.pack(side = TOP, fill = BOTH, expand = 1)   #在水平、垂直方向上填充窗口
Label1 = Label(frame, text = " 位置 1", bg = 'blue', fg = 'white')   #创建 " 位置 1"
#使用 place()，设置第一个标签位于距离窗口左上角的位置（40,40）和其大小（width,height）
#这里（x,y）位置坐标指的是标签左上角的位置（以 NW 左上角进行绝对定位，默认为NW）
Label1.place(x = 40, y = 40, width = 60, height = 30)
Label2 = Label(frame, text = " 位置 2", bg = 'purple', fg = 'white')    #设置标签 2
Label2.place(x = 180, y = 80, anchor = NE, width = 60, height = 30)    # 以右上角进行绝对值定位，anchor = NE，第二个标签的位置在距离窗体左上角的 (180,80)
Label3 = Label(frame, text = " 位置 3", bg = 'green', fg = 'white')    #设置标签 3
#设置 Label3 的中心点在其父容器中的水平宽度的 60% 处。Label3 上边缘将从父容器的顶部开始计算 80 像素的位置。大小为（60,30）
Label3.place(relx = 0.6, y = 80, width = 60, height = 30)
```

```
Label4 = Label(frame, text = "位置 4", bg = 'gray', fg = 'white')    #设置标签 4
#relx = 0.01 表示设置 Label4 的左边缘从父容器的左边缘开始, 向内偏移 1% 的父容器宽度。y = 80
表示 Label4 的上边缘将位于父容器的顶部下方 80 像素的位置。relheight = 0.4 表示 Label4 的高
度将被设置为其父容器高度的 40%。width = 80 表示宽度被设置为 80 像素
Label4.place(relx = 0.01, y = 80, relheight = 0.4, width = 80)
win.mainloop()                  #开始窗口的事件循环
```

例 11-4 程序采用 place() 方法进行控件的排列，直接指定控件在窗体内的绝对位置或给出控件相对于其他控件定位的相对位置。

11.3.4 Frame 控件

Frame、LabelFrame 控件的主要作用是为其他控件提供载体，并将主窗口界面划分成多个区域，从而方便开发者对不同区域进行设计与管理。

Frame 控件本质上也是一个矩形窗体，同其他控件一样也需要位于主窗口内。在主窗口内可以放置多个 Frame 控件，并且每个 Frame 控件中还可以嵌套一个或多个 Frame 控件，从而将主窗口界面划分成多个区域。Frame 控件的常用属性如表 11-6 所示。

表 11-6 Frame 控件的常用属性

属　　性	说　　明
bg	设置 Frame 的背景颜色
bd	指定 Frame 的边框宽度
colormap	指定 Frame 组件及其子组件的颜色映射
container	布尔值参数，若参数值为 True，则窗体将被当容器使用，一些其他程序也可以被嵌入
cursor	指定鼠标在 Frame 上飘过的鼠标样式，默认由系统指定
height/width	设置 Frame 的高度和宽度
highlightbackground	指定当 Frame 没有获得焦点时高亮边框的颜色，通常由系统指定为标准颜色
highlightcolor	指定当 Frame 获得焦点时高亮边框的颜色
highlightthickness	指定高亮边框的宽度，默认值是 0
padx/pady	距离主窗口在水平 / 垂直方向上的外边距
relief	指定边框的样式，参数值 sunken、raised、groove 或 ridge、flat，默认为 falt
takefocus	布尔值参数，默认为 False，指定该组件是否接受输入焦点（即用户通过按 Tab 键将焦点转移上来）

【例 11-5】Frame 控件应用程序示例。

```
import Tkinter as tk
import Tkinter   .ttk as ttk
import Tkinter   .messagebox as mb

m = tk.Tk()
m.title("Tkinter   列表 ")
m.geometry('500x300')
m.resizable(0, 0)
```

```python
lb = tk.Label(text = '程序设计语言', font = ('times', 12, 'bold'), fg = '#CD7054')
lb.pack()

frame1 = tk.Frame(m)
frame1.pack()

varLb = tk.Label(frame1, text = '流行语言', font = ('times', 10, 'bold'), fg = 'orange')
plotLb = tk.Label(frame1, text = '你选择的语言', font = ('times', 10, 'bold'), fg = 'orange')
varLb.grid(row = 0, column = 0, columnspan = 3, padx = 5)
plotLb.grid(row = 0, column = 6, columnspan = 3, padx = 5)

lbox = tk.Listbox(frame1, selectmode = tk.EXTENDED, height = 8)
lbox.grid(row = 1, column = 0, columnspan = 3, rowspan = 5, sticky = tk.E, padx = 10)
items = ["c", "c++", "c#", "go", "java", "javascript", "php", "Python", "r", "swift"]
for i in items:
    lbox.insert('end', i)
list = []
langCnt = 0

def Add():
    cursel = lbox.curselection()
    curvar = lkLbox.get(0, tk.END)
    isexist = False
    if len(cursel) > 0:
        for i in cursel:
            lkLbox.insert('end', lbox.get(i))
            if lbox.get(i) in curvar:
                isexist = True
    if isexist:
        mb.showinfo('info', '添加的语言已经存在!')

def Del():
    cursel = lkLbox.curselection()
    if len(cursel) > 0:
        for i in range(len(cursel) - 1, -1, -1):
            lkLbox.delete(cursel[i])

def Clr():
    lkLbox.delete(0, tk.END)

def Set():
    global list
    global curCnt
    list.clear()
    varturp = lkLbox.get(0, tk.END)
    if len(varturp) > 0:
        for var in varturp:
            list.append(var)
    else:
        mb.showwarning('Warning', 'No language is Selected!')
```

```
        langCnt = cntCbox.current()
        print(list)
        print(langCnt)

btnAdd = tk.Button(frame1, width = 6, text = '>>', font = ('times', 12,
'bold'), fg = 'green', command = Add)
btnAdd.grid(row = 2, column = 4, padx = 10)
btnDel = tk.Button(frame1, width = 6, text = 'Del', font = ('times', 12,
'bold'), fg = 'red', command = Del)
btnDel.grid(row = 3, column = 4, padx = 10)

btnClr = tk.Button(frame1, width = 6, text = 'Clr', font = ('times', 12,
'bold'), fg = 'red', command = Clr)
btnClr.grid(row = 4, column = 4, padx = 10)

lkLbox = tk.Listbox(frame1, selectmode = tk.EXTENDED, height = 8)
lkLbox.grid(row = 1, column = 6, columnspan = 3, rowspan = 5, sticky = tk.W,
padx = 10)

frame2 = tk.Frame(m)
frame2.pack(pady = '10px')

curCntLb = tk.Label(frame2, text = '你掌握的语言数:', font = ('times', 10, 'bold'),
fg = 'purple')
curCntLb.grid(row = 0, column = 0, columnspan = 3, padx = 5)

cntCbox = ttk.Combobox(frame2)
cntCbox['value'] = ('0', '1', '2', '3', '4', '5', '5+')
cntCbox.current(1)
cntCbox.grid(row = 0, column = 5, columnspan = 3, padx = 5)

btnSet = tk.Button(m, text = '输出', font = ('times', 12, 'bold'), fg = 'blue',
command = Set)
btnSet.pack(side = tk.BOTTOM, pady = 5)
m.mainloop()
```

例 11-5 程序采用 Frame 控件将主窗口界面划分成多个区域，每个子区域独立使用 pack()、grid()、place() 等方法，互不影响。

11.4 Tkinter 常用控件

Tkinter 控件是 GUI 应用程序中的组件或元素，如按钮、标签、文本框、列表框等。每个控件都有其特定的属性和方法，用于定制其外观和行为。

11.4.1 文本输入/输出相关控件

文本框控件是 Tkinter 中最常用的控件之一，用于输入或编辑文本信息。文本框控件分为单行文本框和多行文本框。单行文本框用 Entry() 函数创建，而多行文本框用 Text() 函数创建，两种文本框的使用方法大致相同，区别在于单行文本框只能输入一行文本，而多行文本框可以输入多行文本，并且支持滚动条。

【例 11-6】文本框控件使用程序示例，显示文本框内容。

```
from Tkinter    import *
#import Tkinter as  tk
root = tk.Tk()                                          #创建文本框控件
text = tk.Text(root, height = 10, width = 30)
text.pack()
#content = text.get("1.0", END)                         #获取文本框内容
text.insert(INSERT, "Hello, Tkinter!")                  #设置文本框内容
root.mainloop()
```

例 11-6 程序使用 tk.text() 方法创建一个文本框对象，在 text 中输入 "hello, Tkinter!"。

下面演示一个简单的程序，实现文本框输入输出功能，使用 Tkinter 创建一个带输入框和输出框的窗口，用户输入文本后，单击"提交"按钮可以将文本显示在输出框内。

【例 11-7】文本框控件用于输入和输出程序示例。

```
from Tkinter    import *
def show_content():                                     #定义按钮单击事件
    content = input_text.get()
    output_text.insert(END, content + "\n")


root = Tk()                                             #创建窗体对象
input_text = Entry(root)                                #创建输入框控件
input_text.pack()

submit_button = Button(root, text = "提交", command = show_content)
#  创建"提交"按钮
submit_button.pack()

output_text = Text(root, height = 10, width = 30)       #创建输出框控件
output_text.pack()

root.mainloop()                                         #进入消息循环
```

例 11-7 程序中定义了一个显示文本框内容的函数 show_content()，在输入文本框中输入内容后，单击"提交"按钮，运行 show_content() 函数，将输入的内容在输出文本框中显示。

11.4.2 按钮

按钮组件用于在应用程序中添加按钮，按钮上可以添加文本或图像，按钮可用于监听用户行为，能够与一个 Python 函数关联，当按钮被按下时，自动调用该函数。

按钮的语法格式如下。

```
w = Button( master, option = value, ... )
```

master：按钮的父容器。

options：可选项，即按钮的可设置属性。这些选项可以用"键 = 值"的形式设置，并以逗号分隔。

【例 11-8】按钮使用程序示例，单击按钮显示信息。

```
import Tkinter as tk
#import tkMessageBox
top = tk.Tk()
top.geometry('100x100')
def helloCallBack():
    tk.messagebox.showinfo( "Hello Python", "Hello Button")
B = tk.Button(top, text = " 点这里 ", command = helloCallBack)
B.pack()
top.mainloop()
```

例 11-8 程序中定义了一个信息显示对话框的函数 helloCallBack()，窗体上创建一个按钮控件方法 tk.Button()，单击按钮文本信息（text =" 点这里 "），运行按钮的事件驱动程序（command = helloCallBack），会弹出一个对话框。

11.4.3 单选按钮

单选按钮控件（radiobutton），允许用户选择具体的选项值，单选按钮控件仅允许用户选择单一的选项值，各个选项值之间是互斥的关系，只有一个选项可以被用户选择。

单选按钮控件通常都是成组出现的，所有控件都使用相同的变量。单选按钮可以包含文本或图像，每个单选按钮都可以与一个 Python 函数相关联。当单选按钮被按下时，对应的函数会被执行。需要注意，单选按钮控件仅能显示单一字体的文本，但文本可以跨越多行。除此之外，单选按钮控件还可以为个别字符添加下画线。

【例 11-9】单选按钮控件使用程序示例。

```
import Tkinter as tk
window = tk.Tk()
window.title(" 外卖平台 ")
window.geometry('400x180')
#window.iconbitmap('C:/Users/Administrator/Desktop/ 外卖平台 .ico')
site = [(' 美团外卖 ',1),
(' 饿了么外卖 ',2),
(' 盒马生鲜 ',3),
(' 百度外卖 ',4)]

v = tk.IntVar()                          #IntVar() 用于处理整数类型的变量
for name, num in site:
    radio_button = tk.Radiobutton(window,text = name, variable = v,value =num)
    radio_button.pack(anchor ='w')       # 采用循环构建单选按钮组
window.mainloop()                        # 显示窗口
```

例 11-9 程序中的单选按钮由 radio_button = tk.Radiobutton() 语句实现，在一个循环中将多个单选项进行控件布局输出。

11.4.4 复选框

复选框（checkbutton）控件是一种供用户选择相应条目的按钮控件，但与单选按钮控件不同的是，复选框控件不仅允许用户选择一项，还允许用户同时选择多项，各个选项之间是并列关系。

复选框控件有许多适用场景，如选择兴趣爱好、选择选修课，以及购买多个物品等，在多种情况下都可以使用复选框控件，其语法格式如下。

```
Checkbutton(master = None, **options)
```

【例 11-10】复选框应用程序示例。

```
from Tkinter import *
win = Tk()
win.title(" 程序设计学习网 ")
win.geometry('500x200')
win.resizable(0,0)
lb = Label(text = ' 程序设计学习网辅导班 ',font = (' 微软雅黑 ', 18,'bold'),fg = '#CD7054')
lb.pack()
#win.iconbitmap('C:/Users/Administrator/Desktop/ Python 程序设计学习网 logo.ico')
#设置三个复选框控件
check1 = Checkbutton(win, text = "Python",font = (' 微软雅黑 ', 15,'bold'),onvalue = 1,
offvalue = 0)                    #将第一个复选框的 variable 值设置为 onvalue = 1
check2 = Checkbutton(win, text = "C++",font = (' 微软雅黑 ', 15,'bold'),onvalue = 1,
offvalue = 0)
check3 = Checkbutton(win, text = "Java",font = (' 微软雅黑 ', 15,'bold'),onvalue = 1,
offvalue = 0)
check1.select ()             #表示选中状态
check1.toggle ()             #取消了第一个复选框的选中状态
check1.pack(side = LEFT)
check2.pack(side = LEFT)
check3.pack(side = LEFT)
win.mainloop()               #显示窗口
```

例 11-10 程序中使用函数 Checkbutton() 创建复选框控件，函数中的 text 参数用于显示复选框名称。check1.select() 方法表示选中该复选框。check1.toggle() 方法表示取消选中的复选框。

11.4.5 列表框与组合框

列表框（listbox）和组合框（combobox）是 Tkinter 中的两个控件，由于两者非常相似，本节将它们放在一起进行介绍。

1. 列表框控件

如果需要用户自己进行选择，就可以使用列表框控件。列表框中的选项可以是多个条目，也可以是单个条目，但通常是多个条目。

【例 11-11】列表框控件应用程序示例。

使用 enumerate() 函数分配列表元素。

```
#创建一个列表控件,并增加相应的选项
from Tkinter     import *
win = Tk()                              #创建主窗口
win.title(" 程序设计学习网 ")
win.geometry('400x200')
```

```
#win.iconbitmap('C:/Users/Administrator/Desktop/ 程序设计学习网 logo.ico')
listbox1 = Listbox(win)              #创建列表选项
listbox1.pack()
for i,item in enumerate(["C","C++","C#","Python","Java"]):   #i 表示索引值,item 表
                                                             # 示值,根据索引值的位
                                                             # 置依次插入 item
    listbox1.insert(i,item)
win.mainloop()                       #显示窗口
```

除上述使用 enumerate() 函数实现选项插入的方法外，还可以使用 end 实现，它表示将选项插入最后一个位置，之前的选项会依次向前排列。

【例 11-12】 列表框控件应用程序示例。

使用 insert() 函数分配列表元素。

```
from Tkinter     import *
win = Tk()                           #创建主窗口
win.title(" 程序设计学习网 ")
win.geometry('400x200')
#win.iconbitmap('C:/Users/Administrator/Desktop/ 程序设计学习网 logo.ico')
listbox1 = Listbox(win)              #创建列表选项
listbox1.pack()
for item in ["C","C++","C#","Python","Java"]:   #i 表示索引值,item 表示值, 根据索引值
                                                # 的位置依次插入 item
    listbox1.insert("end",item)
win.mainloop()                       #显示窗口
```

2. 组合框控件

由前面内容的介绍可知，列表框控件是一个供用户从列表项中选择相应条目的控件。但在有些情况下，如列表的项目过多时，若使用列表框控件列出所有选项，界面会显得格外臃肿，这时就需要用到组合框控件，也就是下拉菜单控件（或称复合框），该控件是列表框控件的改进版，具有更加灵活的界面，因此其应用场景相比前者要更加广泛。

不过需要注意，组合框控件并不包含在 Tkinter 模块中，而是包含在 Tkinter.ttk 子模块中，因此若想使用组合框控件，需要使用下面的导包方式。

```
from Tkinter    import ttk
```

组合框控件的语法格式为 cbox = Combobox（窗口对象，[参数列表]）。

虽然组合框控件在形式上与列表框控件存在不同，但两者本质是相同的，因此属性和方法也是通用的。

对于组合框控件而言，常用的方法有两个，分别是 get() 方法和 current() 方法，前者表示获取当前选中选项的内容，后者表示获取选中选项的索引值。

【例 11-13】 组合框控件应用程序示例。

```
import Tkinter
from Tkinter     import ttk           #导入 ttk 模块, 组合框控件位于 ttk 子模块中

win = Tkinter.Tk()                    #创建窗口
win.title(" 程序设计学习网 ")
#win.geometry('400x200')
```

```
#win.iconbitmap('C:/Users/Administrator/Desktop/程序设计学习网 logo.ico')
win.geometry('400x250')
win.resizable(0,0)
cbox = ttk.Combobox(win)                          #创建组合框
cbox.grid(row = 1, sticky="NW")                   #用 grid() 方法来控制控件的位置
cbox['value'] = ('C','C#','Go','Python','Java')   #设置组合框中的值

cbox.current(3)                                   #通过 current() 设置组合框选项的默认值

def func(event):                                  #编写回调函数,绑定执行事件,插入选中文本
    text.insert('insert',cbox.get()+"\n")
cbox.bind("<<ComboboxSelected>>",func)            #绑定组合框事件
text = Tkinter.Text(win)                          #新建文本框
text.grid(pady = 5)                               #布局
win.mainloop()
```

例 11-13 程序使用 ttk.Combobox() 方法创建组合框控件,设计一个函数 func() 把组合框的取值插入文本控件 text 中。通过组合框绑定组合框事件,当选择一个组合框的元素时,运行 func() 函数,把选中的组合框的值显示到文本控件中。

11.4.6 滑块控件

Tkinter 模块中的 scale 控件即滑块控件或标尺控件,该控件可以创建一个类似于标尺式的滑动条对象,用户通过操作它可以直接设置相应的数值(刻度值)。一般用在音量调节、大小调节等场景中。语法格式如下。

```
s = scale( master, option, ... )
```

master：按钮的父容器。
options：可选项,即该按钮的可设置属性。这些选项可以用"键 = 值"的形式设置,并以逗号分隔。

【例 11-14】滑块控件的应用程序示例。

```
import Tkinter as tk
win = tk.Tk()
win.title("scale 控件示例 ")
win.geometry('350x240')
s1 = tk.Scale(win, from_ = 100, to = 0,length = 200,label = ' 音量控制 ')
#添加 scale 控件,默认垂直方向,长度为 200
s1.pack()
s1.set(value=45)                                  #设置滑块的初始位置
tk.mainloop()
```

例 11-14 程序使用 tk.scale() 方法创建滑块控件,s1.set(value = 45)设置滑块的初始位置,移动滑块控件,可以调节得到需要的值。

11.4.7 菜单

菜单(menu)控件是 GUI 中的精髓所在,它以可视化的方式将一系列的功能选项卡进行分

组，并在每个分组下隐藏了许多其他选项卡。当打开菜单时，这些选项卡就会呈现出来，方便用户进行选择。

使用菜单控件可以充分地节省有限的窗口区域，让界面更加简洁优雅，避免臃肿、混乱。Tkinter 的菜单控件提供了三种类型的菜单，分别是 topleve（主目录菜单）、pull-down（下拉菜单）、pop-up（弹出菜单，或称快捷菜单）。

1. 创建主目录菜单

主目录菜单也称顶级菜单，下拉菜单等其他子菜单都需要建立在顶级菜单基础之上。

【例 11-15】主目录菜单应用程序示例。

创建一个类记事本界面的程序。

```
from Tkinter import *
import Tkinter.messagebox
win = Tk()                                    #创建主窗口
win.config(bg = '#87CEEB')
win.title(" 程序设计学习网 ")
win.geometry('450x350+300+200')
#win.iconbitmap('C:/Users/Administrator/Desktop/ 程序设计学习网 logo.ico')

def menuCommand() :                           #绑定一个执行函数，当单击选项时会显示一个消息对话框
    Tkinter.messagebox.showinfo(" 主菜单栏 "," 你正在使用主菜单栏 ")
main_menu = Menu (win)                        #创建一个主目录菜单
main_menu.add_command (label = " 文件 ",command = menuCommand)
main_menu.add_command (label = " 编辑 ",command = menuCommand)
main_menu.add_command (label = " 格式 ",command = menuCommand)
main_menu.add_command (label = " 查看 ",command = menuCommand)
main_menu.add_command (label = " 帮助 ",command = menuCommand)
#新增命令选项, 使用 add_command() 函数实现
win.config(menu = main_menu)                  #显示菜单
win.mainloop()
```

例 11-15 程序使用 main_menu = Menu（win）语句创建主目录菜单，使用 main_menu.add_command() 方法在主目录菜单上新增命令选项。单击主目录菜单中任意一个选项时都会跳出一个消息对话框。

2. 创建下拉菜单

下拉菜单是主菜单的重要组成部分，也是用户选择相关命令的重要交互界面。下拉菜单建立在主目录菜单基础之上，并非主窗口之上。

【例 11-16】下拉菜单的应用程序示例。

实现类记事本的相关功能。

```
#创建一个下拉菜单
from Tkinter import *
import Tkinter.messagebox
win = Tk()                                    #创建主窗口
win.config(bg = '#87CEEB')
win.title(" 程序设计学习网 ")
win.geometry('450x350+300+200')
```

```
#win.iconbitmap('C:/Users/Administrator/Desktop/程序设计学习网 logo.ico')

def menuCommand() :                #创建一个执行函数,单击下拉菜单中选项时执行
    Tkinter.messagebox .showinfo("下拉菜单", "您正在使用下拉菜单功能")

mainmenu = Menu (win)              #创建主目录菜单

filemenu = Menu (mainmenu, tearoff=False)  #在主目录菜单上新增"文件"菜单的子菜单,同
                                           # 时不添加分割线

filemenu.add_command (label = "新建",command = menuCommand,accelerator = "Ctrl+N")
filemenu.add_command (label = "打开",command = menuCommand, accelerator = "Ctrl+O")
filemenu.add_command (label = "保存",command = menuCommand, accelerator = "Ctrl+S")
#新增"文件"菜单的选项,并使用 accelerator 设置选项的快捷键
filemenu.add_separator ()          # 添加一条分割线
filemenu.add_command (label = "退出",command = win. quit)
mainmenu.add_cascade (label = "文件",menu = filemenu) #在主目录菜单上新增"文件"选
                                                      # 项,并通过 menu 参数与下拉菜
                                                      # 单绑定


#将主目录菜单设置在窗口上
win.config (menu = mainmenu)
win.bind ("<Control-n>",menuCommand)
win.bind ("<Control-N>", menuCommand)
win.bind ("<Control-o>",menuCommand)
win.bind ("<Control-O>", menuCommand)
win.bind ("<Control-s>", menuCommand)
win.bind ("<Control-S>",menuCommand)
#绑定键盘事件,按下键盘上的相应的键时会触发执行函数
win.mainloop()                     #显示主窗口
```

例 11-16 程序使用 mainmenu = Menu (win) 函数创建主目录菜单,在主目录菜单上使用 filemenu = Menu (mainmenu,tearoff=False) 创建下拉菜单,使用 filemenu.add_command() 方法创建下拉菜单选项。使用 mainmenu.add_cascade() 方法在主目录菜单上新增下拉菜单选项,并通过 menu 参数与下拉菜单绑定。

3. 创建弹出菜单栏

弹出菜单栏,也称快捷菜单栏。例如,通过右击弹出一个菜单栏,其中包含一些常用的选项,如复制、粘贴等。

【**例 11-17**】弹出菜单应用程序示例。

在记事本的空白处右击弹出一个菜单栏。

```
import Tkinter as tk
import Tkinter.messagebox as ms

root = tk.Tk()
root.config(bg = '#8DB6CD')
root.title("程序设计学习网")
root.geometry('400x300')
#root.iconbitmap('C:/Users/Administrator/Desktop/程序设计学习网 logo.ico')
def func():
    ms.showinfo("弹出菜单", "您正在使用弹出菜单功能")
```

```
menu = tk.Menu(root, tearoff=False)          #创建一个弹出菜单
menu.add_command(label = " 新建 ", command = func)
menu.add_command(label = " 复制 ", command = func)
menu.add_command(label = " 粘贴 ", command = func)
menu.add_command(label = " 剪切 ", command = func)
def command(event):#定义事件函数
    menu.post(event.x_root, event.y_root)    #使用 post() 方法在指定的位置显示弹出菜单
                                             #绑定鼠标右键,这是鼠标绑定事件
root.bind("<Button-3>", command)             #<Button-3> 表示右击,1 表示左键,2 表示单
                                             # 击中间的滑轮
root.mainloop()
```

例 11-17 程序使用 menu = tk.Menu() 语句创建一个菜单,使用 menu.add_command() 方法新增弹出菜单选项。定义一个事件函数 command(),在函数中使用 menu.post() 方法在指定的位置显示弹出菜单。使用 root.bind("<Button-3>", command) 绑定鼠标右键,表示右击运行事件函数 command()。

4. 菜单按钮控件

菜单按钮(menubutton)控件是一个与菜单控件相关联的按钮,当按下按钮时,下拉菜单就会自动弹出。通过 menubutton 控件创建的菜单按钮可以自由地放置在窗口中的任意位置,提高了 GUI 的灵活性。

【例 11-18】菜单按钮控件应用程序示例。

```
from Tkinter    import *
win = Tk()
win.config(bg = '#87CEEB')
win.title(" 程序设计学习网 ")
win.geometry('450x350+300+200')
#win.iconbitmap('C:/Users/Administrator/Desktop/ 程序设计学习网 logo.ico')
menubtn = Menubutton(win, text =' 单击进行操作 ', relief = 'sunk')  #创建一个菜单按钮
menubtn.grid(padx = 195, pady = 105)         #设置位置(布局)
filemenu = Menu(menubtn,tearoff = False)     #添加菜单,使用 tearoff 参数不显示分割线
filemenu.add_command(label = ' 新建 ')
filemenu.add_command(label = ' 删除 ')
filemenu.add_command(label = ' 复制 ')
filemenu.add_command(label = ' 保存 ')
menubtn.config(menu=filemenu)    #显示菜单,将菜单选项绑定在菜单按钮对象上
win.mainloop()
```

例 11-18 程序使用 menubtn = Menubutton() 语句创建一个菜单按钮控件,使用 filemenu = Menu() 语句创建菜单,使用 filemenu.add_command() 方法创建菜单选项,使用 menubtn.config() 方法将创建的菜单选项绑定到菜单按钮对象上。

11.5 窗口

在 Python 中,使用 Tkinter 库可以创建 GUI 界面。可以通过创建父窗口和子窗口实现 GUI 界面。

【例 11-19】创建父窗口和子窗口程序示例。

```
import Tkinter as tk
root = tk.Tk()
root.title(" 父窗口 ")
child = tk.Toplevel(root)
child.title(" 子窗口 ")
root.mainloop()
```

在例 11-19 代码中，首先创建了一个父窗口 root，然后创建一个子窗口 child，并把 root 作为其父窗口。最后，使用 root.mainloop() 方法启动主事件循环，保证窗口可见。

导入 Tkinter 模块，用 Tk() 方法生成一个窗口对象，窗口名为 root（可以取别的名字）。root.mainloop() 也不可缺少，缺少这行代码虽然不报错，但窗口就不能维持，不会出现在屏幕上，这行代码总是放在程序代码的最后一行。

代码中各变量是区别大小写的，如 Tk() 中 T 是大写，k 是小写。运行例 11-19 的代码，只能得到一个默认大小、默认标题、默认图标的窗口，如图 11-1 所示。

图 11-1　以默认参数运行的窗口

【例 11-20】Tkinter 多窗口界面切换程序示例。

```
from Tkinter    import *
windows = Tk()
windows.geometry("300x200")
def b():
    root = Tk()
    root.geometry("200x100")
    Entry(root,text = " 这是新的窗口 ").pack()
    root.mainloop()

Button(windows, text = " 打开一个新窗口 ", command = b).pack(pady = 50)
windows.mainloop()
```

例 11-20 程序中 windows = Tk() 表示创建一个窗口，在窗口中用 Button() 方法创建一个按钮控件，单击按钮，运行按钮事件函数 b()，在函数中再创建一个新的窗口，实现多个窗口的创建。

【例 11-21】多窗口的应用程序示例。

模仿密码登录，先运行 form1() 函数，展示窗口 1（登录窗口），如果密码正确，就关闭窗口 1，运行函数 form2()，展示窗口 2（主窗口）。

```python
#模仿密码登录
from Tkinter     import *
from Tkinter     import messagebox

def form1():                                    #窗口1：登录窗口
    def ok():
        if en1.get() == 'abc123':
            root1.destroy()                     #关闭登录窗口
            form2()                             #进入窗口2：主窗口
        else:
            messagebox.showwarning("警告：","密码错误！")

    root1 = Tk()
    root1.title('登录窗口')
    root1.geometry('300x150+600+200')
    la0 = Label(root1,text = '请输入密码：abc123')
    la0.pack()
    en1 = Entry(root1)
    en1.pack()
    but1 = Button(root1,text=" 确 定 ",command = ok)         #判断密码是否正确
    but1.pack(pady = 5)
    but2 = Button(root1,text=" 退 出 ",command = root1.destroy)   #关闭登录窗口
    but2.pack(pady = 5)
    root1.mainloop()                            #一直在等待接收窗口1事件，不会进入第2个窗口

def form2():                                    #窗口2：主窗口
    root2 = Tk()
    root2.title('主窗口')
    root2.geometry('300x150+600+200')
    la1 = Label(root2,text = '密码正确，欢迎来到主窗口')
    la1.pack()
    root2.mainloop()

form1()                                         #先进入窗口1：登录窗口
```

例 11-21 程序设计了两个函数 form1() 和 form2()，form1() 为登录窗口函数，确认输入密码正确后，进入主窗口。如果输入密码错误，则显示对话框密码错误提示信息。在登录窗口中设计了"确定"按钮和"取消"按钮。单击"确定"按钮，按钮运行按钮的事件触发函数 ok()，判断密码是否正确；单击"取消"按钮，运行 command = root1.destroy，销毁登录窗口。

11.6 对话框

除基本的控件外，Tkinter 还提供了三种对话框控件：文件选择对话框（filedailog）、颜色选择对话框（colorchooser）、消息对话框（messagebox）。

这些对话框的使用能够在一定程度上增强用户的交互体验，下面对这些对话框控件进行详细的介绍。

1. 文件选择对话框

文件对话框在 GUI 程序中经常使用，如上传文档需要从本地选择一个文件，文件的打开和保存功能也都需要文件对话框实现。Tkinter 提供的文件对话框被封装在 Tkinter.filedailog 模块中，该模块提供了有关文件对话框的常用函数。

【例 11-22】文件对话框应用程序示例。

```
from Tkinter import *
import Tkinter.filedialog        #将文件对话框导入

def askfile():                   #定义一个处理文件的相关函数
    filename = Tkinter.filedialog.askopenfilename()    #从本地选择一个文件,并返回文
                                                       #件的目录

    if filename ! = '':
        lb.config(text = filename)
    else:
        lb.config(text = '您没有选择任何文件')

root = Tk()
root.config(bg = '#87CEEB')
root.title(" 程序设计学习网 ")
root.geometry('400x200+300+300')
#root.iconbitmap('C:/Users/Administrator/Desktop/ 程序设计学习网 logo.ico')
btn = Button(root,text = ' 选择文件 ',relief = RAISED,command = askfile)
btn.grid(row = 0,column = 0)
lb = Label(root,text = '',bg = '#87CEEB')
lb.grid(row = 0,column = 1,padx = 5)
```

例 11-22 程序定义了一个函数 askfile()，用于打开文件。函数中使用 filename = Tkinter.filedialog.askopenfilename() 语句打开文件。如果文件打开，则将文件名显示到 label 控件上；如果文件没有打开，则显示 "您没有选择任何文件"。单击按钮控件，按钮的事件驱动函数运行 askfile() 函数。

2. 颜色选择对话框

颜色选择（colorchooser）对话框提供了一个颜色面板，允许用户选择自己需要的颜色。当用户在面板上选择一个颜色并单击 "确定" 按钮后，它会返回一个二元组，其第 1 个元素是所选的 RGB 颜色值，第 2 个元素是对应的十六进制颜色值。颜色选择对话框主要应用在画笔、涂鸦等功能上，通过它可以绘制出五彩缤纷的颜色。

【例 11-23】颜色对话框应用程序示例。

```
import Tkinter as tk
from Tkinter import colorchooser
root = tk.Tk()
root.title(" 颜色选择 ")
root.geometry('400x200+300+300')

def callback():
    colorvalue = tk.colorchooser.askcolor()           #打开颜色对话框
    lb.config(text = ' 颜色值 :'+ str(colorvalue))    #在颜色面板单击"确定"按钮后,
```

```
                                              # 会在窗口显示二元组颜色值
lb = tk.Label(root,text = '',font = ('宋体',10))
lb.pack()                                     #将label标签放置在主窗口
tk.Button(root, text = "单击选择颜色", command = callback, width = 10, bg =
'#9AC0CD').pack()
root.mainloop()                               #显示窗口
```

例 11-23 程序设计了一个函数 callback() 用于打开颜色对话框，使用 tk.colorchooser.askcolor() 方法打开颜色对话框，将选中的颜色值显示到 label 标签控件上。单击按钮控件，按钮的事件驱动函数运行 callback() 函数。

3. 消息对话框

消息对话框（messagebox）在前面介绍其他控件时已经使用过，主要用于信息提示、警告、说明、询问等，通常配合事件函数一起使用，如执行某个操作出现了错误，就会弹出错误消息对话框。使用消息对话框，可以提升用户的交互体验，也可以使 GUI 程序更加人性化。

【例 11-24】消息对话框应用程序示例。

```
import Tkinter.messagebox
result = Tkinter.messagebox.askokcancel ("提示","你确定要关闭窗口吗？")
# 返回布尔值参数
print(result)
```

例 11-24 程序使用 result = Tkinter.messagebox.askokcancel() 语句创建一个消息对话框，选择消息对话框的不同按钮，程序返回不同的值。

🔑 11.7 事件响应

Tkinter 可将用户事件与自定义函数绑定，用键盘或鼠标的动作事件来响应触发自定义函数的执行。语法格式如下。

```
控件实例 .bind(< 事件代码 >,< 函数名 >)
```

其中，事件代码通常以半角小于号"<"和大于号">"界定，包括事件和按键等 2 或 3 部分，它们之间用减号分隔。

例如，将框架控件实例 frame 绑定鼠标右击事件，调用自定义函数 myfunc() 可表示为 frame.bind ('<Button-3>, myfunc')。注意：myfunc 后面没有 ()。

将控件实例绑定到键盘事件和部分光标位置不落在具体控件实例上的鼠标事件时，还需要设置该实例执行 focus_set() 方法获得焦点，才能对事件持续响应，如 frame.focus_set()。

所调用的自定义函数若需要利用鼠标或键盘的响应值，可将 event 作为参数，通过 event 的属性获取。

【例 11-25】事件响应程序示例。

将标签绑定在键盘任意键触发事件获取焦点，并将按键字符显示在标签上。

```
from Tkinter    import *
```

```
def show(event):
    s = event.keysym
    lb.config(text = s)

window = Tk()
window.title(' 按键学习 ')
window.geometry('200x200')
lb = Label(window, text = '请按键', font = (' 黑体 ', 48))
lb.bind('<Key>', show)
lb.focus_set()
lb.pack()
window.mainloop()
```

例 11-25 程序定义了一个函数 show(event)，用于事件响应，并将按键显示到标签控件上。使用 lb = Label() 创建一个标签控件，标签控件的 Key 按键事件响应函数绑定到前面定义的 show 函数，当在标签上按键时，就将按键值显示到标签上。

【例 11-26】事件响应程序示例。

将窗口绑定鼠标单击事件，并将鼠标触发点在窗口上的位置显示在标签上。

```
from Tkinter    import *

def show(event):
    s = ' 光标位于 x = %s,y = %s' % (str(event.x), str(event.y))
    lb.config(text = s)

window = Tk()
window.title(' 鼠标位置 ')
window.geometry('200x200')
lb = Label(window, text = '请单击窗口 ')
lb.pack()
window.bind('<Button-1>', show)
window.focus_set()
window.mainloop()
```

例 11-26 程序定义了一个函数 show(event)，用于事件响应，将光标的位置坐标数据显示到标签控件上。使用 lb = Label() 函数创建了一个标签控件，将标签控件的光标左键事件响应函数绑定到 show 函数，当单击窗口时，其坐标数据就显示到标签上。

11.8 本章小结

本章介绍了 Python 的 GUI 程序设计标准库 Tkinter 的相关内容。Tkinter 窗口控件布局方法有以下三种：pack() 方法按照控件的添加顺序进行排列，此方法灵活性较差；grid() 方法以行和列的网格形式对控件进行排列，使用起来较为灵活；place() 方法可以指定组件大小及摆放位置。

Frame() 方法为其他控件提供载体，并将主窗口界面划分成多个区域，从而方便开发者对不同区域进行设计与管理。

Tkinter 常用控件有文本输入 / 输出控件、单选按钮、复选框、列表框、组合框、滑块、菜单控件。

Tkinter 库可以创建图形用户界面,通过创建父窗口和子窗口实现图形用户界面。

Tkinter 提供了三种对话框控件,分别是文件选择对话框、颜色选择对话框、消息对话框,这些对话框的使用能够增强用户的交互体验。

事件响应为用户事件与自定义函数进行绑定,用键盘或鼠标的动作事件响应触发自定义函数的执行。

习题

在线测试

一、选择题(从 A、B、C、D 四个选项中选择一个正确答案)

1. 使用 Tkinter 设计窗口时,Text 控件的属性不包含( )。
   A. bg   B. font   C. bd   D. command
2. 使用 Tkinter 设计窗口时,Button 按钮的状态不包含( )。
   A. active   B. disabled   C. normal   D. ena bled
3. 将 Tkinter 创建的控件放置于窗口的方法是( )。
   A. pack   B. show   C. set   D. bind
4. 通常用于创建单行输入文本的容器控件是( )。
   A. Entry   B. Label   C. Text   D. List
5. 通常要接收单一互斥的用户数据,应使用控件( )。
   A. Checkbutton B. Radiobutton   C. Combobox   D. Listbox
6. 创建 Button 按钮实例并触发执行的回调函数名,应设置为实例的( )属性。
   A. command   B. bind   C. place   D. call
7. 用 place() 方法布局控件时,( )属性不是在 0~1.0 之间,以窗口宽和高的比例取值的。
   A. x   B. relx   C. relheight   D. relwidth
8. ( )事件不能表示单击鼠标左键事件。
   A. <Enter>   B. <ButtonPress-1> C. <Button-1> D. <1>

二、编程题(按照题目要求,编写程序代码)

1. 设计一个显示学生信息的窗口程序,显示格式如图 11-2 所示。

图 11-2　显示学生信息的窗口程序界面

2. 使用 Tkinter 设计一个简易计算器,具有加减乘除功能,可以进行数字输入和计算结果显示。
3. 使用 Tkinter,设计一个输入框以模拟包含登录程序用户名和密码的登录系统。

第 12 章

数据库应用

CHAPTER 12

本章要点

- 关系数据库
- SQLite 数据库访问
- 访问 Access、MySQL 和 SQL Server 数据库

在项目开发中,数据库应用必不可少。数据库种类有很多,如 SQLite、MySQL、Oracle 等,它们功能基本相同,为了对数据库进行统一的操作,大多数语言都提供了简单的、标准化的数据库应用程序接口。在 Python Database API 2.0 规范中,定义了 Python 数据库应用程序接口的各部分,如模块接口、连接对象、游标对象、类型对象和构造器、DB API 的可选扩展及可选的错误机制等。

12.1 关系数据库

关系数据库,是指用关系模型来组织数据的数据库,其以行和列的形式存储数据,以便于用户理解。关系数据库的一系列行和列称为表,一组表组成了数据库。用户通过查询来检索数据库中的数据,而查询是一个用于限定数据库中某些区域的执行代码。关系模型可以简单理解为二维表格,而关系数据库就是由二维表格及其之间的关系组成的数据组织。

1. 关系数据库的特点

存储方式:传统的关系数据库采用表格方式储存,数据以行和列的方式进行存储。

存储结构:关系数据库按照结构化的方法存储数据,每个数据表都必须首先定义好各个字段,再根据表的结构存入数据。数据的形式和内容在存入数据之前就已经定义好了,因此整个数据表的可靠性和稳定性都很高。但一旦存入数据,再想修改数据表的结构就会较为困难。

存储规范:关系数据库为了避免重复、规范化数据及充分利用存储空间,把数据按照最小关系表的形式进行存储,这样数据管理就变得清晰、易于阅读。

扩展方式:由于关系数据库将数据存储在数据表中,数据操作的瓶颈出现在多张数据表的操作中,而且数据表越多,问题越严重,因此关系数据库只具备纵向扩展能力。

查询方式:关系数据库采用结构化查询语言(Structured Query Language,SQL)对数据库进行查询,能够支持数据库的增加、查询、更新、删除操作,具有非常强大的功能,SQL 可以用类似索引的方法加快查询操作。

规范化:在数据库的设计开发过程中,开发人员通常会同时需要对一个或多个数据实体(包括数组、列表和嵌套数据)进行操作。这样,在关系数据库中,一个数据实体一般要首先分割成多部分,然后对分割的部分进行规范化,最后分别存入多张关系型数据表中。

事务性:关系数据库强调 ACID 规则,即原子性(atomicity)、一致性(consistency)、隔离性(isolation)、持久性(durability),可以满足对事务性要求较高或需要进行复杂数据查询的数据操作。

读写性能:关系数据库强调数据的一致性,虽然关系数据库存储数据和处理数据的可靠性高,但在对处理海量数据时,效率会变得很差,特别是在高并发读写时,性能显著下降。

2. 常用的关系数据库

主流的关系数据库有 Oracle、SQLite、MySQL、SQL Server、Microsoft Access 等,每种数据库的语法、功能和特性各具特色。

Oracle 数据库是由甲骨文(Oracle)公司开发的,在集群技术、高可用性、安全性、系统管理等方面都取得了较好的成绩。Oracle 的产品除数据库系统外,还有应用系统、开发工具等。在数据库操作平台方面，Oracle可在所有主流操作系统平台上运行，因而可通过将Oracle数据库运行于较高稳定性的操作系统平台，提高整个数据库系统的稳定性。

MySQL数据库是一种开放源代码的关系数据库管理系统（relational database management system, RDBMS），可以使用最常用的结构化查询语言进行数据库操作。MySQL数据库因体积小、速度快、总体拥有成本低而受到中小企业的热捧。虽然其功能的多样性和性能的稳定性不佳，但是在不需要大规模事务化处理的情况下，MySQL数据库是管理数据内容的良好选择之一。

SQL Server数据库依靠Windows操作系统发展壮大，其用户界面的友好和部署的简洁，都与其运行平台息息相关，随着微软（Microsoft）公司Windows操作系统的不断推广，SQL Server数据库的市场占有率不断攀升。

SQLite数据库是一款非常小巧的嵌入式开源数据库软件，也就是说它没有独立的维护进程，所有的维护都来自程序本身。SQLite数据库目前已经应用在很多嵌入式产品中，它占用资源非常低，在嵌入式设备中，可能只需要几百KB的内存。它能够支持Windows、Linux、UNIX等主流的操作系统，同时能够和很多程序语言结合使用。

12.2 SQLite数据库访问

SQLite数据库与许多其他数据库管理系统不同，它不是一个客户端/服务器结构的数据库引擎，而是一种嵌入式数据库，该数据库本身就是一个文件。SQLite将整个数据库（包括定义、表、索引及数据本身）作为一个单独的、可跨平台使用的文件存储在主机中。由于SQLite本身是使用C语言开发的，而且体积很小，因此经常被集成到各种应用程序中。Python就内置了SQLite3模块，在Python中使用SQLite数据库，不需要安装任何模块，可以直接使用。

SQLite数据库是一款轻量级、无服务器、零配置、事务性的SQL数据库。SQLite的源代码不受版权限制，是小型项目和简单Web应用的理想选择。因此，可以直接通过Python操作SQLite数据库。

12.2.1 用SQLite3模块操作数据库的步骤

Python在2.5版本之后内置了SQLite3模块，只需导入该模块即可使用（import sqlite3）。访问该数据库的步骤如下。

1. 创建一个访问数据库的连接

如果数据库文件不存在，则可以使用connet()方法自动在当前目录下创建一个xxx.db文件。在调用connect()方法时，需要指定数据库名称。如果指定的数据库存在，则直接打开这个数据库；如果不存在，则新创建一个数据库并打开。

【例12-1】创建一个SQLite数据库。

```
import sqlite3
cx = sqlite3.connect("E:/test.db")
con = sqlite3.connect(":memory:")        #也可以在内存中创建数据库
```

例 12-1 程序运行后，在 E 盘中创建一个名为 test.db 的数据库文件，同时在内存创建一个文件。

2. 创建游标

使用以下语句创建游标。

```
c = cx.cursor()
```

创建游标之后，就可以用 SQL 语句对数据进行操作，如创建表、添加数据、遍历数据等。

3. 创建表

```
#创建一个 user 表
c.execute(
    "CREATE TABLE user (
        user_id INTEGER PRIMARY KEY AUTOINCREMENT,
        user_name TEXT NOT NULL,
        user_sex TEXT,
        user_age INTEGER,
        user_create TEXT
    )")
```

在 SQLite 中创建表时，可以指定列的类型，但 SQLite 的类型系统是动态的，这意味着在创建表时指定的类型实际上是一种暗示，SQLite 并不强制类型约束。SQLite 中的常用数据类型包括整数（INTEGER）、实数（REAL）、文本（TEXT）、布尔（BLOB）等。

上面代码表示通过 SQL 语句来创建一个 user 表。这个 user 表包括 5 个属性：① user_id 表示用户 id，整数类型，设置为主键（PRIMARY KEY），表示每一行的 user_id 将是唯一的。② user_name 为用户姓名，文本类型，添加了 NOT NULL 约束，表示这个字段不能存储空（NULL）值，即每个用户必须有一个名字。③ user_sex 表示用户性别，男、女用字符串 male 和 female 表示。④ user_age 为用户年龄，整数类型。⑤ user_create 表示用户创建日期，使用 TEXT 类型，日期以字符串形式存储（如 'YYYY-MM-DD'）。

注意：在 SQLite 数据库中没有一个单独用来存储日期和时间的类型，可以把日期和时间存储为 TEXT、REAL、INTEGER 类型。

4. 向表中添加数据

```
c.execute("INSERT INTO user                #向 user 表中添加一条记录
(user_id,user_name,user_sex,user_age,user_create) VALUES
(?,?,?,?,DATETIME('now'))",( 101,"张三",'男',23))
```

以上代码通过 SQL 语句向 user 表中添加一条数据。

5. 提交事务关闭与数据库连接

提交事务的语句如下。

```
c.commit()
```

关闭数据库连接的语句如下。

```
c.close()
```

执行完成后，可以发现在 E 盘目录下会生成一个 test.db 的数据库文件。可以通过 SQLiteStudio 查看 SQLite 数据库文件，该软件不需要安装，解压之后就可以使用。

6. 操纵数据库表中的数据

（1）读取数据。

【例 12-2】读取数据库中的数据。

```
conn = sqlite3.connect("test.db")      #创建一个访问数据库 test.db 的连接
c = conn.cursor()                       #创建游标
c.execute("SELECT * FROM user")         #获取 user 表中所有的记录
result = c.fetchall()                   #获取结果
conn.close()                            #关闭数据库连接
print(result)                           #查看数据
```

（2）查询数据。

```
c.execute("select * from user")
```

要提取查询到的数据，可以使用游标的 fetchall() 方法。

```
c.fetchall()
```

还可以使用 c.fetchone() 方法返回列表中的第一项，再次使用该方法则返回第二项，依此类推。

（3）修改数据

```
c.execute("update user set name = 'Boy' where id = 0")
cx.commit()                             #修改数据以后需要提交
```

（4）删除数据

```
c.execute("delete from user where id = 1")
cx.commit()
```

（5）使用中文。

在 SQLite 中使用中文字符时，确保数据库和连接字符串使用 UTF-8 编码是很重要的，因为中文字符不是 ASCII 字符，需要一个多字节的编码格式来正确表示。确保 IDE 或文本编辑器使用 UTF-8 编码保存 Python 脚本，以避免编码问题。

以下是一个简单的例子，展示如何在 SQLite 数据库中使用中文。

```
import sqlite3
#连接到 SQLite 数据库，如果数据库文件不存在，会自动在当前目录创建一个
conn = sqlite3.connect('example.db')
cursor = conn.cursor()

#设置默认的编码为 UTF-8
conn.text_factory = str

#创建一个表并插入中文数据
cursor.execute("CREATE TABLE IF NOT EXISTS users (name TEXT)")
```

```
#插入中文数据
cursor.execute("INSERT INTO users (name) VALUES ('张三')")

#提交事务
conn.commit()

#关闭连接
cursor.close()
conn.close()
```

在这个例子中,首先连接到一个 SQLite 数据库,并设置 conn.text_factory = str 来确保从数据库中检索的字符串都是 Unicode 字符串。然后创建了一个表并插入了中文数据。

12.2.2 SQLite 命令

1. 系统命令

SQLite 数据库中常用的命令介绍如下。help 命令用于显示所有命令,quit/exit 命令用于退出 SQLite3,database 命令用于显示当前打开的数据库文件,tables 命令用于显示数据库中的所有表格,schema 命令用于查看表的结构。部分常用的 SQLite 命令如表 12-1 所示。

表 12-1 部分常用的 SQLite 命令

系 统 命 令	含 义
help	显示所有命令
quit/exit	退出 SQLite3
database	显示当前打开的数据库文件
tables	显示数据库中的所有表格
schema	查看表的结构(显示表格字段和数据)

2. SQL 语句

(1) 表格的新增、删除与表名修改。

新增表格语法格式为 create table 表格名称(字段名 字段类型, 字段名 字段类型, ...)。

【例 12-3】新建表格、删除表格与修改表名程序示例。

```
import sqlite3
conn = sqlite3.connect("E:/test.db")
c = conn.cursor()
c.execute("create table stu(id integer, name char, age integer)")  #新建表格 stu
c.execute("create table stu(id integer primary key autoincrement, name char,
age integer)")                      #新建表格 stu,将 id 字段设置成主键自增

c.execute("drop table stu")        #删除表格: drop table 表格名称 (stu)
c.execute("alter table stu rename to stu_info")#表格名称修改: alter table 旧的表格
                                      # 名称 rename to 新的表格名称
```

例 12-3 程序运行时,使用不同的 SQL 语句对表格进行处理,c.execute("create table stu() 语句用于创建表格,c.execute("drop table stu") 语句用于删除表格,c.execute("alter table stu rename to stu_info")语句用于表格重命名。

(2)表格字段的新增与删除。

【例 12-4】新表格字段和删除字段程序示例。

以下程序用于删除表格 stu 的 address 字段。

```
import sqlite3
conn = sqlite3.connect("E:/test.db")
c = conn.cursor()
c.execute("create table stu(id integer, name char, age integer,address char)")
#新建表格 stu
c.execute("create table stu1 as select id, name, age from stu")  #新创建一个表格
                                   #stu1,该表格复制了表格 stu 除 address 以外的全部字段
c.execute("drop table stu")                       #删除原本的表格 stu
c.execute("alter table stu1 rename to stu")       #将表格 stu1 更名为 stu
```

例 12-4 程序运行时，c.execute("create table stu() 语句用于创建表格增加字段，c.execute("create table stu1 as select id, name, age from stu") 语句将一个表格的一部分语句复制到另一个表格，c.execute("drop table stu") 语句用于删除表格，c.execute("alter table stu1 rename to stu") 语句用于重命名一个表格。

(3)表格记录的增删改查。

【例 12-5】表格记录的增、删、改、查程序示例。

```
import sqlite3
conn = sqlite3.connect("E:/test.db")
c = conn.cursor()
c.execute("create table stu(id integer, name char, age integer,address char)")
#新建表格 stu
c.execute("insert into stu values(1001, '张明', 18,'四川成都成华区解放路 2 段 4
号')")                          #新增一条记录,并给表格中的每一个字段添加对应的值
c.execute("insert into stu(id, name) values(1002, '李莎')")  #给表格中的部分字段添
                                                            # 加对应的值
c.execute("delete from stu where id = 1002")                #按给定条件删除某一条记录

c.execute("update stu set age = 20 where id = 1001") #更新一条记录,更新表格中的某
                                                     # 一个字段
c.execute("update stu set age = 30, name = '李莎' where id = 1001") #更新表格中的多
                                                                    # 个字段
t = c.execute("select * from stu")                   #查询数据库中表格的所有内容
result = t.fetchall()

t = c.execute("select * from stu where id = 1001")   #按给定条件查询表格的内容
result = t.fetchall()
t = c.execute("select name,age from stu")            #查询数据库中表格指定字段
result = t.fetchall()
conn.close()
```

运行例 12-5 的程序，实现表格记录增、删、改、查的数据处理。c.execute ("insert into stu values() 语句用于增加一条记录，c.execute ("delete from stu where id = 1002") 语句用于删除一条记录。c.execute("update stu set age = 20 where id = 1001") 语句用于修改一条记录。t = c.execute("select

* from stu") 语句用于查询表中的所有内容记录。

12.2.3 SQLite 数据库应用

SQLite 数据库作为 Python 自带的一个轻量级的关系数据库，使用结构化查询语言。SQLite 数据库是后端数据库，可以搭配 Python 建网站，或制作有数据存储需求的工具。SQLite 数据库还在其他领域有广泛的应用，如 HTML5 和移动端。Python 标准库中的 SQLite3 模块提供了该数据库的接口。

下面创建一个简单的关系数据库，为一个书店存储书的分类和价格。这个数据库中包含两个表：表 category 用于记录分类，表 book 用于记录某个书的信息。由于一本书归属于某一个分类，因此表 book 有一个外键（foreign key）指向表 catogory 的主键 id。

1. 创建数据库

首先创建数据库及数据库中的表。在使用 connect() 连接数据库后，可以通过定位指针 cursor 执行 SQL 命令。

【例 12-6】SQLite 数据库的应用，创建数据库和表。

```
import sqlite3
#'bookstore.db' 是工作目录中的一个数据库文件
conn = sqlite3.connect("bookstore.db")
c = conn.cursor()

#创建一个category表，包含3个字段: id、sort 和 name,id 为主键
c.execute('''CREATE TABLE category
    (id int primary key,
    sort int,
    name text)''')

#创建一个book表，包含5个字段: id、sort、name、price、category_id
#其中id为主键,category_id 为外键
c.execute('''CREATE TABLE book
    (id int primary key,
    sort int,
    name text,
    price real,
    category_id int,
    FOREIGN KEY (category_id) REFERENCES category(id))''')

#保存创建的表
conn.commit()

#关闭与数据库的连接
conn.close()
```

SQLite 数据库是一个磁盘上的文件，如上面的 bookstore.db，整个数据库可以方便地移动或复制。bookstore.db 一开始不存在，因此 SQLite 将自动创建一个新文件。

利用 execute() 方法，执行了两个 SQL 语句，创建数据库的两个表。表创建完成后，保存并断开数据库连接。

2. 插入数据

例 12-6 创建了数据库和表，确立了数据库的抽象结构。例 12-7 将在同一数据库中插入数据。

【例 12-7】 SQLite 数据库的应用，插入数据。

```
import sqlite3
conn = sqlite3.connect("bookstore.db")
c    = conn.cursor()
books = [(1, 1, 'Cook Recipe', 3.12, 1),
         (2, 3, 'Python Intro', 17.5, 2),
         (3, 2, 'OS Intro', 13.6, 2),
         ]
#执行 INSERT 语句
c.execute("INSERT INTO category VALUES (1, 1, 'kitchen')")
#使用替代符号 (?, ?, ?)
c.execute("INSERT INTO category VALUES (?, ?, ?)", [(2, 2, 'computer')])
#执行多次插入命令
c.executemany('INSERT INTO book VALUES (?, ?, ?, ?, ?)', books)
conn.commit()
conn.close()
```

插入数据同样可以用 execute() 方法来执行完整的 SQL 语句。SQL 语句中的参数，可以使用 ? 作为替代符号，并在后面的参数列表中给出具体的值。这里不能用 Python 的格式化字符串，如 %s，因为这一用法容易受到 SQL 注入攻击。也可以用 executemany() 方法来执行多次插入，以增加多个记录。每个记录是表中的一个元素，如例 12-6 表 books 中的元素。

3. 查询数据

在执行查询语句后，Python 将返回一个循环器，包含查询获得的多个记录。循环读取记录，也可以使用 SQLite3 提供的 fetchone() 方法和 fetchall() 方法。

【例 12-8】 SQLite 数据库的应用，查询表中的数据。

```
import sqlite3
conn = sqlite3.connect('bookstore.db')
c = conn.cursor()
#查询 category 表中按照 sort 字段排序的 name
c.execute('SELECT name FROM category ORDER BY sort')
print(c.fetchone())
print(c.fetchone())
#查询 book 表中满足条件的所有记录
c.execute('SELECT * FROM book WHERE book.category=1')
print(c.fetchall())
#遍历记录
for row in c.execute('SELECT name, price FROM book ORDER BY sort'):
    print(row)
```

4. 更新与删除数据

可以更新记录或删除记录。

【例 12-9】 SQLite 数据库的应用，更新和删除表中的数据。

```
import sqlite3
```

```
conn = sqlite3.connect("bookstore.db")
c = conn.cursor()
c.execute('UPDATE book SET price = ? WHERE id = ?',(1000, 1))
c.execute('DELETE FROM book WHERE id = 2')
conn.commit()
conn.close()
```

也可以使用 c.execute（'DROP TABLE book'）语句直接删除整张表，如果删除 bookstore.db，那么将删除整个数据库。

12.3 访问 Access、MySQL 和 SQL Server 数据库

12.3.1 使用 Access 数据库

在 Python 中操作 Access 数据库，需要安装 pywin32 模块。

1. 建立数据库连接

```
import win32com.client
conn = win32com.client.Dispatch(r'ADODB.Connection')
DSN = 'PROVIDER = Microsoft.Jet.OLEDB.4.0;DATA SOURCE = C:/MyDB.mdb;'
conn = Open(DSN)
```

2. 打开记录集

```
rs = win32com.client.Dispatch(r'ADODB.Recordset')
rs_name = 'MyRecordset'
rs.Open('['+rs_name+']', conn, 1, 3)
```

3. 操作记录集

```
rs.AddNew()
rs.Fields.Item(1).Value = 'data'
rs.Update()
```

4. 操作数据

```
conn = win32com.client.Dispatch(r'ADODB.Connection')
DSN = 'PROVIDER = Microsoft.Jet.OLEDB.4.0;DATA SOURCE = C:/MyDB.mdb;'
sql_statement = "INSERT INTO [Table_Name] ([Field_1], [Field_1]) VALUES ('data1',
'data2')"
conn.Open(DSN)
conn.Execute(sql_statement)
conn.close()
```

5. 遍历记录

```
rs.MoveFirst()
```

```
count = 0
while 1:
    if re.EOF:
        break
    else:
        count = count+1
    rs.MoveNext()
```

在操作 Access 数据库时，如果一个记录集为空，那么将指针移到第一个记录集将导致一个错误，解决方法是在打开记录集之前将 Cursorlocation 设置为 3，然后打开记录集，此时 RecordCount 就是有效的，代码如下。

```
rs.Cursorlocation = 3
rs.Open('SELECT * FROM [Table_Name]', conn)
re.RecordCount
```

12.3.2 使用 MySQL 数据库

在 Python 中使用 MySQL 数据库，需要用 pymysql 库连接 MySQL 数据库。首先安装 pymysql 库，然后导入（import pymysql）。

1. 连接 MySQL 数据库

```
conn = pymysql.connect(
        host = '159.xxx.xxx.216',         #主机名
        port = 3306,                      #端口号,MySQL 默认端口号为 3306
        user = 'xxxx',                    #用户名
        password = 'xxxx',                #密码
        database = 'xx',                  #数据库名称
        )
```

在上面的代码中，通过 pymysql 库的 connect() 方法连接 MySQL 数据库，并指定主机名、端口号、用户名、密码和数据库名称等参数。如果连接成功，则该函数将返回一个数据库连接对象 conn。

2. 执行 SQL 查询语句

连接 MySQL 数据库之后，就可以使用游标对象执行 SQL 查询语句，如下面程序所示。

```
cursor = conn.cursor()                                              #创建游标对象
cursor.execute("SELECT * FROM users WHERE gender = 'female'")       #执行 SQL 查询语句
result = cursor.fetchall()                                          #获取查询结果
```

在上面的代码中，使用 cursor() 方法创建游标对象 cursor，并使用 execute() 方法执行 SQL 查询语句。在执行时，可以使用任何符合 MySQL 语法的 SQL 查询语句。可以使用 fetchall() 方法获取查询结果。

3. 将查询结果转换为 Pandas DataFrame 对象

获取查询结果之后，可以将其转换为 Pandas DataFrame 对象，以便进行进一步的数据处理和

分析。具体代码如下。

```
import pandas as pd
df = pd.DataFrame(result, columns=[i[0] for i in cursor.description])
#将查询结果转换为 Pandas DataFrame 对象
```

在上面的代码中，使用 pd.DataFrame() 方法将查询结果转化为 Pandas DataFrame 对象。在转换过程中，需要指定字段名，可以通过游标对象的 description 属性获取查询结果的元数据，包括字段名等信息。

4. 关闭游标和数据库连接

最后，需要关闭游标对象和数据库连接，以释放资源。具体代码如下：

```
#关闭游标
cursor.close()

#关闭数据库连接
conn.close()
```

12.3.3　使用 SQL Server 数据库

在 Python 中，可以使用 pyodbc 模块连接和操作 SQL Server 数据库。以下是 Python 使用 pyodbc 模块连接和操作 SQL Server 数据库的步骤，包括连接 SQL Server 数据库、创建表、插入数据、查询数据、更新数据、删除数据等操作。

1. 连接 SQL Server 数据库

在 Python 中，可以使用 pyodbc 模块连接 SQL Server 数据库。以下是连接 SQL Server 数据库的基本程序。

```
import pyodbc
server = 'your_server_name'
database = 'your_database_name'
username = 'your_username'
password = 'your_password'
driver = '{ODBC Driver 17 for SQL Server}'
cnxn = pyodbc.connect('DRIVER=' + driver + ';SERVER=' + server + ';DATABASE=' + database + ';UID=' + username + ';PWD=' + password)
```

在上面的程序中，your_server_name 是 SQL Server 数据库服务器的名称，your_database_name 是要连接的数据库名称，your_username 是数据库的用户名，your_password 是连接数据库的密码，{ODBC Driver 17 for SQL Server} 是 ODBC 驱动程序的名称。

2. 创建表

在 SQL Server 数据库中，可以使用 CREATE TABLE 语句创建表，以下是创建表的基本程序。

```
import pyodbc
```

```python
server = 'your_server_name'
database = 'your_database_name'
username = 'your_username'
password = 'your_password'
driver = '{ODBC Driver 17 for SQL Server}'

cnxn = pyodbc.connect('DRIVER=' + driver + ';SERVER=' + server + ';DATABASE=' +
database + ';UID=' + username + ';PWD=' + password)
cursor = cnxn.cursor()

cursor.execute("CREATE TABLE customers (id INT IDENTITY(1,1) PRIMARY KEY, name
VARCHAR(255), address VARCHAR(255))")
```

在上面的程序中，cursor.execute() 方法用于执行 SQL 语句，customers 是要创建的表名，id、name 和 address 是表的列名。

3. 插入数据

在 SQL Server 数据库中，可以使用 INSERT INTO 语句插入数据。以下是插入数据的基本程序。

```python
import pyodbc

server = 'your_server_name'
database = 'your_database_name'
username = 'your_username'
password = 'your_password'
driver = '{ODBC Driver 17 for SQL Server}'

cnxn = pyodbc.connect('DRIVER=' + driver + ';SERVER=' + server + ';DATABASE=' +
database + ';UID=' + username + ';PWD=' + password)
cursor = cnxn.cursor()

sql = "INSERT INTO customers (name, address) VALUES (?, ?)"    #插入一条数据
val = ("John", "Highway 21")
cursor.execute(sql, val)

sql = "INSERT INTO customers (name, address) VALUES (?, ?)"    #插入多条数据
val = [
    ("张明", "解放路 2 段 4 号"),
    ("李莎", "人民北路 652 号"),
    ("李小强", "武汉路 21 号"),
    ("张量", "学府路 345 号")
]
cursor.executemany(sql, val)

cnxn.commit()                                                  #提交更改
```

在上面的程序中，cursor.execute() 方法用于插入一条数据，cursor.executemany() 方法用于插入多条数据，cnxn.commit() 方法用于提交更改。

4. 查询数据

在 SQL Server 数据库中，可以使用 SELECT 语句查询数据。以下是查询数据的基本程序。

```
import pyodbc

server = 'your_server_name'
database = 'your_database_name'
username = 'your_username'
password = 'your_password'
driver = '{ODBC Driver 17 for SQL Server}'

cnxn = pyodbc.connect('DRIVER=' + driver + ';SERVER=' + server + ';DATABASE=' +
database + ';UID=' + username + ';PWD=' + password)
cursor = cnxn.cursor()

cursor.execute("SELECT * FROM customers")            #查询所有数据
myresult = cursor.fetchall()
sql = "SELECT * FROM customers WHERE address = ?"    #查询指定条件的数据
adr = ("解放路 21 号", )
cursor.execute(sql, adr)
myresult = cursor.fetchall()
```

在上面的程序中，cursor.execute() 方法用于查询数据，cursor.fetchall() 方法用于获取查询结果。

5. 更新数据

在 SQL Server 数据库中，可以使用 UPDATE 语句更新数据。以下是更新数据的基本程序。

```
import pyodbc
server = 'your_server_name'
database = 'your_database_name'
username = 'your_username'
password = 'your_password'
driver = '{ODBC Driver 17 for SQL Server}'

cnxn = pyodbc.connect('DRIVER=' + driver + ';SERVER=' + server + ';DATABASE=' +
database + ';UID=' + username + ';PWD=' + password)
cursor = cnxn.cursor()

sql = "UPDATE customers SET address = ? WHERE name = ?"   #更新数据
val = ("人民北路 345 号", "张明")
cursor.execute(sql, val)

cnxn.commit()                                             #提交更改
```

在上面的程序中，cursor.execute() 方法用于更新数据，cnxn.commit() 方法用于提交更改。

6. 删除数据

在 SQL Server 数据库中，可以使用 DELETE 语句删除数据。以下是删除数据的基本程序。

```
import pyodbc

server = 'your_server_name'
database = 'your_database_name'
username = 'your_username'
```

```
password = 'your_password'
driver = '{ODBC Driver 17 for SQL Server}'

cnxn = pyodbc.connect('DRIVER=' + driver + ';SERVER=' + server + ';DATABASE=' +
database + ';UID=' + username + ';PWD=' + password)
cursor = cnxn.cursor()

sql = "DELETE FROM customers WHERE address = ?"      #删除数据
adr = ("人民北路 21 号", )
cursor.execute(sql, adr)

cnxn.commit()                                         #提交更改
```

在上面的程序中，cursor.execute() 方法用于删除数据，cnxn.commit() 方法用于提交更改。

12.4 本章小结

本章介绍了 Python 数据库的内容，详细介绍了访问 SQLite3 模块操作数据库的步骤，包括创建数据库、创建表、数据库的连接，从数据库连接对象获取执行 SQL 语句的游标对象，数据的增、删、改、查，还介绍了 SQLite 的常用命令。

使用 Python 访问、操作 Access 数据库，首先要安装 pywin32，然后建立数据库连接、打开记录集、操作数据等。

使用 Python 访问 MySQL 数据库，首先要安装 pymysql 库，然后导入 pymysql 库，最后连接 MySQL 数据库、执行 SQL 查询语句、关闭游标和数据库连接等。

使用 Python 访问 SQL Server 数据库的步骤包括使用 pyodbc 模块连接 SQL Server 数据库、创建表、插入数据、修改数据、删除数据、查询数据等。

在线测试

习题

编程题（按照题目要求，编写程序代码）

1. 编写一个 Python 程序完成 MySQL 数据库的建表操作。
2. 编写一个 Python 程序完成数据更新操作，实现添加多条数据和插入单条数据。
3. 使用 pymysql 模块统计一个高校男女教师的数量。
4. 使用 Python 实现一个有增、删、改、查功能的信息管理系统。数据库中包含课程表（Course）和教师表（Teacher）。课程表和教师表的详细信息如表 12-2 和表 12-3 所示。

表 12-2 课程表

字 段 名	字 段 类 型	说　　明
Cno	CHAR(10)	课程编号（主键）
Cname	CHAR(100)	课程名称
Tno	CHAR(10)	教师编号

表 12-3 教师表

字 段 名	字段类型	说　明
Tno	CHAR(10)	教师编号（主键）
Tname	CHAR(100)	教师名称
Tsex	CHAR(10)	教师性别

第13章

CHAPTER 13

Python 模块、库与计算生态

本章要点

- 第三方库管理工具
- 数据分析
- 数据可视化
- Web 开发
- Python 网络爬虫
- 游戏开发
- 文本处理

Python 语言有超过 12 万个第三方库，涵盖网络爬虫、数据分析、文本处理、数据可视化、机器学习、图形用户界面、Web 开发、网络应用开发、图形艺术、图像处理等多个领域。每个领域还有大量的专业人员开发多个第三方库。因此，Python 的功能足够庞大。本章主要针对 Python 的计算生态介绍常见的 Python 研究方向和使用的第三方库，展示 Python 在工程实践方面强大的能力。

13.1　第三方库管理工具

Python 本身具有很多库，但如果需要使用的库不在 Python 的标准库中，就需要使用 pip 来安装第三方库和包。

13.1.1　pip 包管理工具

pip 是 Python 包管理工具，该工具提供了对 Python 包的查找、下载、安装、卸载功能。在 Python 官网下载的 Python 安装包，自带该工具。

1. 安装包

如果想要安装指定版本的第三方包，如安装 3.4.1 版本的 matplotlib，可以使用如下命令。

```
pip install matplotlib == 3.4.1
```

2. 卸载或更新包

如果想要卸载某个包，可以使用如下命令。

```
pip uninstall package_name
```

而如果想要更新某个包，对应的命令如下。

```
pip install --upgrade package_name #或 pip install -U package_name
```

package_name 是要卸载或更新的包的名称。

3. 查看某个包的信息

可以使用如下命令查看指定包的信息。

```
pip show -f requests
```

运行该命令后，会显示 requests 包的相关信息。

4. 查看需要升级的包

如果想要查看在现有的包中哪些是需要升级的，可以使用如下命令。

```
pip list -o
```

5. 查看兼容问题

在下载安装某些库时，需要考虑兼容问题，某些库的安装可能需要依赖其他库，还可能会存在版本相冲突等问题，可以先使用如下命令检查是否存在冲突问题。

```
pip check package_name
```

package_name 是指定的库名，如果不指定库名，则会检查现在已经安装的所有包中是否存在版本冲突等问题。

```
pip check
```

6. 指定国内源安装

如果安装的速度比较慢，可以指定国内的源安装某个包，如可以从清华镜像的源安装。网址如下。

```
pip install -i https://pypi.tuna.tsinghua.edu.cn/simple some-package
```

7. 下载包但不立即安装

如果想要下载某个包到指定的路径下但不立即安装，可以使用如下命令。

pip download package_name -d "某个路径"，例如：

```
pip download requests -d "."
```

在当前目录下载 requests 模块及其他所要依赖的模块。

13.1.2　安装 wheel 文件

.whl 文件是以 wheel 格式保存的安装包，而且 wheel 是 Python 发行版标准内置包，其中包含 Python 所有安装文件，wheel 文件使用 zip 格式压缩，其本质也是压缩文件。

wheel 格式的包是发行版 Python 的新标准，其目的是取代 .egg 格式的包，.egg 格式是由 setuptools 在 2004 年引入的，而 wheel 格式是由 PEP427 在 2012 年定义的，现在主流离线安装一般采用 wheel 格式。

使用 .whl 文件进行包安装，在 Python 中也称包的离线安装。如果需要下载 .whl 文件，可以从下面两个站点下载，其中 pypi 站点最全。

```
https://pypi.Python.org/pypi/
https://www.lfd.uci.edu/~gohlke/Pythonlibs/
```

如果希望安装 .whl 文件，需要提前安装 wheel 包，可以使用 pip install wheel 命令。

安装完 wheel 包后就可以安装 .whl 文件了，具体操作可以使用如下命令（以安装 D 盘 test 文件夹下的 hello.whl 为例）。

```
pip install d:\test\hello.whl
```

然后等待安装完成。注意，下载的 .whl 文件不要重命名，否则会无法安装，安装时需要有文件的绝对路径和文件名，包含后缀。

13.1.3 将 py 文件打包成 exe 文件

Python 程序的运行必须要有 Python 的环境，如果计算机中没有 Python 程序运行的环境，就需要将 Python 程序打包为 exe 文件。可以使用多种工具将 Python 文件（'.py'）转换为可执行文件（'.exe'），如 PyInstaller、Auto-py-to-exe、cx_Freeze、py2exe 等。PyInstaller 因其易用性和强大的功能而广受推崇，本节重点介绍 PyInstaller 的使用方法。

1. PyInstaller 简介

PyInstaller 是一个流行的第三方库，可以将 Python 应用程序打包成独立的可执行文件。它能够在 Windows、Linux、macOS X 等操作系统下将 Python 源文件打包，通过对源文件打包，Python 程序可以在没有安装 Python 的环境中运行，并且可以将 Python 代码、依赖项和资源文件打包到一个单一的可运行文件中。但是 PyInstaller 并不是跨平台的，如果是希望打包成 .exe 文件，需要在 Windows 系统上运行 PyInstaller 进行打包工作；如果要打包成 mac app，需要在 macOS 上使用。

2. 安装和更新

安装：pip install pyinstaller
更新：pip install --upgrade pyinstaller

3. 使用示例

打开命令行工具，导航到你的 .py 文件所在目录，使用 PyInstaller 命令打包你的程序，如图 13-1 所示。

```
pyinstaller your_program.py
```

这将生成一个名为 dist 的目录，其中包含了打包后的可执行文件。your_program.py 为要打包的 Python 文件，如图 13-1 所示，要打包的程序为 pytoexe.py。

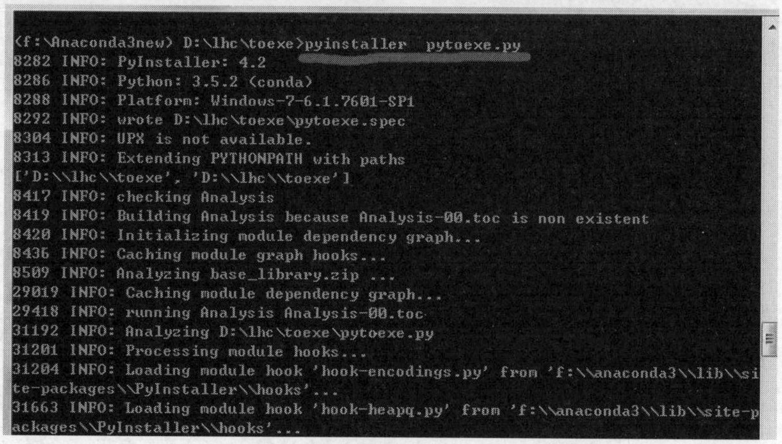

图 13-1 Pyinstaller 打包 .py 程序

4. 使用选项

PyInstaller 提供了多种选项来自定义打包过程，以下是一些常用的选项。

–F 或 --onefile：创建一个独立的可执行文件。

–D 或 --onedir：创建一个包含可执行文件的目录（默认选项）。

–w 或 --windowed 或 --noconsole：生成无控制台窗口的图形用户界面程序。

–c 或 --console 或 --nowindowed：生成有控制台窗口的程序（默认行为）。

–i <icon.ico> 或 --icon <icon.ico>：为生成的可执行文件指定图标。

5. 添加数据和二进制文件

如果程序需要额外的数据文件或二进制文件，可以使用以下选项。

--add-data <file>:<dest>：添加数据文件。

--add-binary <file>:<dest>：添加二进制文件。

6. 打包 GUI 程序

对于 GUI 程序，通常需要使用 –w 选项来避免生成控制台窗口。

```
pyinstaller -F -w -i favicon.ico your_gui_program.py
```

7. 处理依赖

PyInstaller 会尝试自动处理程序的依赖，但有时可能需要手动指定依赖路径。

8. 生成的文件

打包完成后，可执行文件会位于 dist 目录中。对于 –F 选项，会有一个单独的可执行文件；对于 –D 选项，会有一个包含所有必需文件的目录。

9. 运行打包程序

在 dist 目录下，双击 .exe 文件或在命令行中运行它，即可启动程序。

13.2 数据分析

Python 的数据分析与处理有 NumPy、SciPy 和 Pandas 库，这些库广泛应用于矩阵运算、数值积分和优化、数据清洗和数据加工等。

13.2.1 NumPy

NumPy 是 Python 语言的一个扩展程序库，支持大量的多维度数组与矩阵运算，此外也针对数组运算提供大量的数学函数。NumPy 是一个 Python 的科学计算包，包括一个强大的 N 维数组对象 Array、成熟的（广播）函数库、用于整合 C/C++ 和 Fortran 代码的工具包、实用的线性代数、傅里叶变换和随机数生成函数。NumPy 和稀疏矩阵运算包 SciPy 配合使用更加方便。

NumPy 是一个运行速度非常快的库，主要用于数组计算。NumPy 提供了许多高级的数值编程工具，如矩阵数据类型、矢量处理及精密的运算库。NumPy 由进行严格的数字处理需求产生，广泛应用于很多大型金融公司，还可应用于核心的科学计算组织任务。

1. NumPy 应用

NumPy 通常与 SciPy 和 Matplotlib（绘图库）一起使用，这种组合广泛用于替代 MATLAB，可以形成一个强大的科学计算环境，有助于通过 Python 学习数据科学或机器学习。

SciPy 是一个开源的 Python 算法库和数学工具包。SciPy 的模块包含最优化、线性代数、积分、插值、特殊函数、快速傅里叶变换、信号处理和图像处理、常微分方程求解及其他科学与工程中常用的计算。

Matplotlib 是 Python 编程语言及其数值数学扩展包 NumPy 的可视化操作界面，为通用的图形用户界面工具包提供绘图的应用程序接口。

2. 数据类型 ndarray

NumPy 提供了一个 N 维数组类型 ndarray，它描述了相同类型的 items 的集合。ndarray 在存储数据时，数据与数据的地址都是连续的，这样就使批量操作数组元素时速度更快。因为 ndarray 中所有元素的类型都是相同的，而 Python 列表中的元素类型是任意的，所以 ndarray 在存储元素时内存可以连续，而 Python 原生列表就只能通过寻址方式找到下一个元素，这虽然也导致了在通用性能方面 NumPy 的 ndarray 不及 Python 原生列表，但在科学计算中，NumPy 的 ndarray 可以省略很多循环语句，代码使用方面比 Python 原生列表更简单。

NumPy 内置了并行运算功能，当系统有多个核时，NumPy 会自动作并行计算。NumPy 底层使用 C 语言编写，直接存储对象而不是存储对象指针，因此其运算效率远高于纯 Python 代码。

NumPy 支持的数据类型比 Python 内置的类型要多很多，基本上可以和 C 语言的数据类型对应上，其中部分类型对应 Python 内置的类型。表 13-1 列举了 NumPy 支持的数据类型。

表 13-1　NumPy 支持的数据类型

名称	描述
bool_	布尔型数据类型（True 或 False）
int_	默认的整数类型（类似于 C 语言中的 long、int32 或 int64）
intc	与 C 的 int 类型一样，一般是 int32 或 int 64
intp	用于索引的整数类型（类似 C 的 ssize_t，一般情况下仍然是 int32 或 int64）
int8	字节（取值范围为 −128~127）
int16	整数（取值范围为 −32768~32767）
int32	整数（取值范围为 −2147483648~2147483647）
int64	整数（取值范围为 −9223372036854775808~9223372036854775807）
uint8	无符号整数（取值范围为 0~255）
uint16	无符号整数（取值范围为 0~65535）
uint32	无符号整数（取值范围为 0~4294967295）
uint64	无符号整数（取值范围为 0~18446744073709551615）
float_	float64 类型的简写

续表

名称	描述
float16	半精度浮点数，包括 1 个符号位、5 个指数位、10 个尾数位
float32	单精度浮点数，包括 1 个符号位、8 个指数位、23 个尾数位
float64	双精度浮点数，包括 1 个符号位、11 个指数位、52 个尾数位
complex_	complex128 类型的简写，即 128 位复数
complex64	复数，表示双 32 位浮点数（实数部分和虚数部分）
complex128	复数，表示双 64 位浮点数（实数部分和虚数部分）

NumPy 的数值类型实际上是 dtype 对象的实例，并对应唯一的字符，包括 np.bool_、np.int32、np.float32 等。

3. ndarray 的属性

在 ndarray 中，ndarray.shape 表示数组维度的元组，ndarray.ndim 表示数组的维度，ndarray.size 表示数组中的元素数量，ndarray.dtype 表示数组元素的类型，如表 13-2 所示。

表 13-2　ndarray 的部分属性

属性名称	属性解释
ndarray.shape	数组维度的元组
ndarray.ndim	数组维度
ndarray.size	数组中的元素数量
ndarray.itemsize	一个数组元素的长度（字节）
ndarray.dtype	数组元素的类型

NumPy 数组的维数称为秩（rank），秩就是轴的数量，即数组的维度，一维数组的秩为 1，二维数组的秩为 2，以此类推。在 NumPy 中，每个线性的数组是一个轴（axis）。而轴的数量，就是数组的维数。

声明语句 axis.axis = 0，表示沿第 0 轴进行操作，即对每一列进行操作。axis = 1，表示沿第 1 轴进行操作，即对每一行进行操作。

13.2.2　SciPy

SciPy 是一个科学计算的开源代库，用于执行数学、科学和工程计算。SciPy 库依赖 NumPy，提供便捷且快速的 N 维数组操作。SciPy 库与 NumPy 数组一起工作，提供了许多用户友好和高效的数字实践，如数值积分和优化等。它们可以一起运行在所有流行的操作系统上，安装快速且免费，易于使用且功能强大。

1. SciPy 子包

SciPy 被组织成覆盖不同科学计算领域的子包，如表 13-3 所示。

表 13-3　SciPy 的子包

子包名称	应用领域
scipy.cluster	向量量化 Kmeans
scipy.constants	物理和数学常数
scipy.fftpack	傅里叶变换
scipy.integrate	集成例程
scipy.interpolate	插值
scipy.io	数据输入和输出
scipy.linalg	线性代数例程
scipy.ndimage	n 维图像包
scipy.odr	正交距离回归
scipy.optimize	优化
scipy.signal	信号处理
scipy.sparse	稀疏矩阵
scipy.spatial	空间数据结构和算法
scipy.special	任何特殊数学函数
scipy.stats	统计
scipy.ndimage	n 维图像包
scipy.odr	正交距离回归

2. SciPy 的数据结构

SciPy 使用的基本数据结构是由 NumPy 模块提供的多维数组。NumPy 为线性代数、傅里叶变换和随机数生成提供了一些函数，但与 SciPy 中等效函数的一般性不同。

【例 13-1】SciPy 中 io 模块应用程序示例。

```
import scipy
import numpy as np
import matplotlib.pyplot as plt
from scipy import io
a = np.arange(7)
io.savemat('a.mat',{'array':a})                    #用 io 模块写入数据
data = io.loadmat('a.mat')
print(data['array'])
```

运行结果如下。

```
[[0 1 2 3 4 5 6]]
```

例 13-1 的程序导入 numpy 模块，产生一个 numpy.ndarray 的数组 a，使用 SciPy 的 io 模块写入数据，保存为 .mat 文件。再将 .mat 文件导入，然后打印输出。

【例 13-2】用 SciPy 中的 stats 子模块产生符合特定规律的随机数程序示例。

```
from scipy import stats
#产生符合正态分布的随机数
x = stats.norm.rvs(size = 20)
print(x)
```

```
[-0.84588579 -1.05988547  0.19160109 -0.98600592 -0.36925568  1.25231422
  0.0989425  -0.74180502  0.92160039  1.1805501   0.63630607  0.57010704
  0.70839667 -1.04393637  0.75420477  0.61610687 -1.16561528  0.64893127
 -0.97746671  2.56951881]
```

例 13-1 的程序导入 SciPy 的子模块 stats，产生 20 个符合正态分布的随机数。stats 还可以产生均匀分布（uniform）、正态分布（norm）、伯努利分布（bernoulli）、泊松分布（poisson）等。

13.2.3　Pandas 数据分析库

Pandas 是 Python 语言的一个扩展库，用于数据分析，是一个开放源码、BSD 许可的库，提供高性能、易于使用的数据结构和数据分析工具。Pandas 名字衍生自术语 panel data（面板数据）和 Python data analysis（Python 数据分析）。

Pandas 是一个强大的分析结构化数据的工具，Pandas 可以从各种格式文件（如 CSV、JSON、SQL、Excel）中导入数据，可以对各种数据进行运算操作（如归并、再成形、选择）、数据清洗和数据加工等。Pandas 广泛应用于学术、金融、统计学等各个数据分析领域。

Pandas 的主要数据结构是 Series（一维数据）与 DataFrame（二维数据），这两种数据结构足以处理金融、统计、社会科学、工程等领域的大多数典型用例。

Series 是一种类似一维数组的对象，由一组数据及一组与之相关的数据标签组成。

DataFrame 是一个表格型数据结构，含一组有序的列，每列可以是不同的数据类型（数值、字符串、布尔类型）。DataFrame 既有行索引也有列索引，可以被看作由 Series 组成的字典。

Pandas 是在 NumPy 基础上实现的，其核心数据结构与 NumPy 的 ndarray 十分相似，但 Pandas 与 NumPy 的关系不是替代，而是互为补充。二者之间主要区别如下。

从数据结构上看：NumPy 的核心数据结构是 ndarray，支持任意维数的数组，但要求单个数组内所有数据是同质的，即类型必须相同；而 Pandas 的核心数据结构是 Series 和 DataFrame，仅支持一维数据和二维数据，但数据内部可以是异构数据，仅要求同列数据类型一致。NumPy 的数据结构仅支持数字索引，而 Pandas 数据结构同时支持数字索引和标签索引。

从功能定位上看：NumPy 虽然也支持字符串等其他数据类型，但仍然主要用于数值计算，尤其是其内部集成了大量矩阵计算模块，如基本的矩阵运算、线性代数、生成随机数等，支持灵活的广播机制。Pandas 主要用于数据处理与分析，支持包括数据读写、数值计算、数据处理、数据分析和数据可视化在内的全套流程操作。

Pandas 主要面向数据处理与分析，具有以下功能特色。

（1）按索引匹配的广播机制，便捷的数据读写操作。相比于 NumPy 仅支持数字索引，Pandas 的两种数据结构均支持标签索引，包括布尔索引。

（2）类比 SQL 的 join 和 groupby 功能，Pandas 可以很容易实现 SQL 的这两个核心功能，并且 SQL 绝大部分的 DQL 和 DML 操作都可以在 Pandas 中实现。

（3）Excel 中最为强大的数据分析工具之一——数据透视表，在 Pandas 中也可以实现。

（4）自带正则表达式的字符串向量化操作，可以对一列字符串进行函数操作，而且支持正则表达式的大部分接口。

（5）丰富的时间序列向量化处理接口。

（6）具有常用的数据分析与统计功能，包括基本统计量、分组统计分析等。

（7）集成 Matplotlib 的常用可视化接口，无论是 Series 还是 DataFrame，均支持面向对象的绘图接口。

正是由于具有这些强大的数据分析与处理能力，Pandas 在数据处理中有"瑞士军刀"的美名。

13.3 数据可视化

Python 的数据可视化库有 Matplotlib、seaborn、OpenCV、turtle 库等，应用这些库可以绘制出数据分析中的各种图形，如折线图、直方图、柱状图、散点图、饼图等，均支持图像处理。

13.3.1 Matplotlib 简介

Matplotlib 是一个用 Python 实现的绘图库，很多机器学习、深度学习教学资料中都用它来绘制函数图形。Matplotlib 可以在各种平台上以各种硬拷贝格式依靠交互环境生成具有出版品质的图形。Matplotlib 是 Python 中最常用的可视化工具之一，它可以调用函数轻松地绘制出数据分析中的各种图形，如折线图、直方图、柱状图、散点图、饼图等。

Matplotlib 的网址为 https://matplotlib.org/stable/gallery/index.html

【例 13-3】用 Matplotlib 绘制一幅正弦、余弦曲线的程序示例。

```
import matplotlib.pyplot as plt
import numpy as np
x = np.linspace(0, 10, 100)    #绘制一个等距间隔的数组
plt.figure()                    #开始画图
plt.subplot(2, 1, 1)            #绘制上下两行的子图，子图表示一般格式为：总行，图序（即第几个图）
plt.plot(x, np.sin(x))          #将数组绘制为正弦曲线
plt.subplot(2, 1, 2)            #第二个子图
plt.plot(x, np.cos(x))          #绘制余弦曲线
plt.show()                      #显示图形
```

例 13-3 代码输出的图形如图 13-2 所示。可以把最后一行的 plt.show() 改成 plt.savefig("sincosPlot.png")，将图形输出成 png 格式的文件。

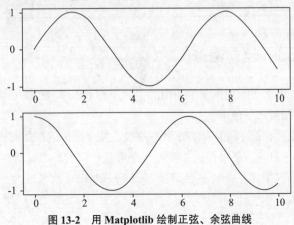

图 13-2 用 Matplotlib 绘制正弦、余弦曲线

Matplotlib 能够用于绘制多种类型的图表，如表 13-4 所示。

表 13-4　Matplotlib 能够绘制图表的类型

图表类型	定　　义	特　　点
折线图	以折线的上升和下降来表示统计数据的增减变化的统计图	能够显示数据的变化趋势，反映数据的变化情况
散点图	用两组数据构成多个坐标点，考察坐标点的分布，判断两个变量之间的关系或总结数据点的分布模式	判断变量之间是否存在数量关联趋势，展示数据和离群点的分布
柱状图	排列在工作表中的列或行中的数据可以绘制在柱状图中	能够看出各个数据的大小，比较数据之间的差别和对比
直方图	由高度不等的线段表示数据的分布情况，一般用横轴表示数据范围，纵轴表示分布情况	绘制连续的数据，展示一组或多组数据的分布情况
饼图	用于表示不同分类的占比情况，通过弧度大小对比各种分类	分类数据的占比情况

Matplotlib 中的绘制函数：折线图用 plt.plot() 函数，柱状图用 plt.bar() 函数，直方图用 plt.hist() 函数，散点图用 plt.scatter() 函数，饼图用 plt.pie() 函数。每个绘制函数及参数说明如表 13-5 所示。

表 13-5　Matplotlib 中的绘制函数及参数说明

图表类型	Matplotlib 中的绘制函数
折线图	plt.plot(x,y) x:x 轴刻度，y:y 轴刻度
柱状图	plt.bar(x,height,width,color) x: 记录 x 轴上的标签；height: 每个柱形的高度；width: 设置柱形的宽度；color: 设置柱形的颜色，传入颜色值的列表，如 ['blue ',' red ',' green']
直方图	plt.hist(data,bins,facecolor,edgecolor) data: 绘制的数据；bins: 直方图中区间的个数；facecolor: 矩形的填充颜色；edgecolor: 条形的边框颜色
散点图	plt.scatter(x,y,s,c,marker,alpha,linewidths) x,y: 数组；s: 散点图中点的大小，可选；c: 点的颜色，可选；marker: 散点图的形状，可选；alpha: 透明度，在 0~1 取值，可选；linewidths: 线条粗细，可选
饼图	plt.pie(x,labels,autopct,shadow,startangle) x: 绘制的数据；labels: 显示每个扇形外侧的类型文字；autopct: 设置饼图类别百分百数字；shadow: 是否在饼图下画阴影，默认为 False，不画；startangle: 设置起始绘制角度

13.3.2　seaborn 绘制图形

seaborn 是 Matplotlib 的更高级的封装。因此，对于 Matplotlib 的那些调优参数设置，也都可以在使用 seaborn 绘制图形之后使用。

使用 Matplotlib 绘图，需要调节大量的绘图参数，需要记忆的东西有很多。而 seaborn 基于 Matplotlib 作了更高级的封装，使绘图更加容易，不需要了解大量的底层参数，就可以绘制出很多比较精致的图形。不仅如此，seaborn 还兼容 NumPy、Pandas 数据结构，可以在组织数据上更方便地完成数据可视化。

【例 13-4】seaborn 绘制图形程序示例。

```
import pandas as pd
import seaborn as sns
import matplotlib.pyplot as plt
df = pd.read_excel("./data/sale_data.xlsx")#,sheet_name="sheet1")
sns.set_style("dark")
plt.rcParams["font.sans-serif"] = ["SimHei"]
plt.rcParams["axes.unicode_minus"]
sns.barplot(x='品牌',y='销量',data=df,color="steelblue",orient="v",estimator=s
um)
plt.show()
```

运行结果如图 13-3 所示。

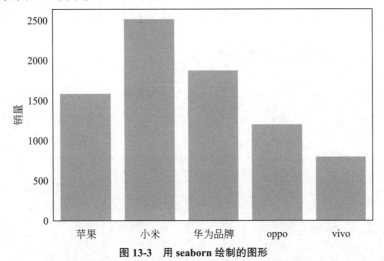

图 13-3　用 seaborn 绘制的图形

可以看到在例 13-4 的绘图代码中，图中既有 Matplotlib 的绘图代码，也有 seaborn 的绘图代码。按照 Matplobtlib 的绘图原理进行图形绘制，只是将某些地方改成 seaborn 特有的代码，调整格式则可以使用 Matplotlib 中的方法进行调整。

13.3.3　OpenCV 图像处理

OpenCV 是图像处理和计算机视觉的最流行和最广泛使用的库之一。这个库可以与许多编程语言一起使用，如 C、C++、Python 、Java。

不仅可以用于图像处理，还可以用于与计算机视觉相关的复杂深度学习算法。OpenCV 库是跨平台的，可以与移动设备一起工作。

在使用 OpenCV 库前需要进行安装，安装的命令为 pip install opencv-Python。

【例 13-5】OpenCV 库的应用程序示例。

对图像进行高斯模糊。

```
#导入必要的包
import cv2
import numpy as np
import urllib
import urllib.request as ur
```

```
#from google.colab.patches import cv2_imshow
#resp = ur.urlopen("https://thumbor.for#bes.com/thumbor/960x0/https%3A%2F%2
Fspecials-images.forbesimg.com%2Fdam%2Fimageserve%2F1068867780%2F960x0.jpg%3
Ffit%3Dscale")                  #从 Internet 加载一个图像并应用一些过滤器
image = np.asarray(bytearray(resp.read()), dtype="uint8")
im = cv2.imdecode(image, cv2.IMREAD_COLOR)
blur = cv2.GaussianBlur(im, (5,5),0)
#cv2_imshow(blur)
plt.legend()
plt.show()
```

OpenCV 是最常用的一种图像处理库，可以方便地与网络摄像头、图像和视频进行交互。它可以执行多种实时任务，常用于计算机视觉任务，如人脸检测和识别、目标检测等。

13.3.4 turtle 库绘制图像

turtle 库是 Python 内置的图形化模块，是绘制图像的函数库。用户通过控制光标（通常显示为小三角形）在屏幕上绘图，这个光标（游标）称为"海龟"。可以通过编写指令让这只虚拟的海龟在屏幕上移动来绘制线条。使用海龟作图，只用几行代码就可以呈现出令人印象深刻的视觉效果，还可以通过跟随海龟运动理解代码的逻辑。海龟作图常被用作新手学习编程的一种方式。

【例 13-6】使用 turtle 库绘图程序示例。

绘制风轮的效果，其中，每个风轮内角为 45°，风轮边长为 150 像素。

```
import turtle
turtle.pensize(5)                 #设置画笔粗细为 5 像素
turtle.seth(45)                   #设置海龟的朝向为 45°（第一象限）
turtle.fd(150)                    #向前移动 150 像素
turtle.left(90)                   #左转 90°
turtle.circle(150, 45)            #以半径 150 像素，圆心角 45°绘制圆弧
turtle.left(90)                   #左转 90°
turtle.fd(150)                    #向前移动 150 像素
turtle.seth(-45)                  #设置海龟的朝向为 -45°（第四象限）
turtle.fd(150)                    #向前移动 150 像素
turtle.left(90)                   #左转 90°
turtle.circle(150, 45)            #以半径 150 像素，圆心角 45°绘制圆弧
turtle.left(90)                   #左转 90°
turtle.fd(150)                    #向前移动 150 像素
turtle.seth(135)                  #设置海龟的朝向为 135°（第二象限）
turtle.fd(150)                    #向前移动 150 像素
turtle.left(90)                   #左转 90°
turtle.circle(150, 45)            #以半径 150 像素，圆心角 45°绘制圆弧
turtle.left(90)                   #左转 90°
turtle.fd(150)                    #向前移动 150 像素
turtle.seth(-135)                 #设置海龟的朝向为 -135°（第三象限）
turtle.fd(150)                    #向前移动 150 像素
turtle.left(90)                   #左转 90°
turtle.circle(150, 45)            #以半径 150 像素，圆心角 45°绘制圆弧
turtle.left(90)                   #左转 90°
turtle.fd(150)                    #向前移动 150 像素
```

程序使用 turtle 库绘制一个风轮图形，使用 turtle 库的各种方法分别实现绘制圆形、设置转

向等功能。

13.4 Web 开发

Python 是一种解释型脚本语言，随着 Web 技术的发展和软件工程的日益成熟，其开发效率非常高，因此适合用来开发 Web 应用程序。Python 开发 Web 应用有很大的优势，具体表现如下。

（1）Python 有非常强大的标准库和第三方库，很多著名项目都是用 Python 完成的。

（2）Python 编程语言简单易学，并且发展时间比较久，非常稳定优雅。

（3）Python 的 Web 库非常丰富，有 Django、Flask、Tornado 等开源框架。

目前 Python 的 Web 框架有很多，如 Flask、Django、Web2py 等，其中 Django 是目前使用频率最高的。本节介绍 Python 用于 Web 开发的几个流行框架。

13.4.1 Flask 框架

Flask 是 Python Web 框架中出现较晚的一个，诞生于 2010 年。Flask 支持简单的核心功能，用扩展增加其他功能。Flask 没有默认使用的数据库和窗体验证工具，因此也被称为 microframework。其 WSGI 工具箱采用 Werkzeug，模板引擎使用 Jinja2，使用 BSD 进行授权。

Flask 是一个轻量级的可定制框架，使用 Python 编程语言编写，较其他同类型框架更为灵活、轻便、安全且容易上手。它可以很好地结合 MVC 模式进行开发，支持开发人员分工合作，小型团队在短时间内就可以利用 Flask 实现功能丰富的中小型网站或 Web 服务。另外，Flask 还有很强的定制性，用户可以根据自己的需求添加相应的功能，在保持核心功能简单的同时实现功能的丰富与扩展，其强大的插件库可以使用户实现个性化的网站定制，开发出功能强大的网站。

Flask 是目前十分流行的 Web 框架，旨在保持代码简洁且易于扩展，其主要特征是核心构成比较简单，但具有很强的扩展性和兼容性。Flask 主要包括 Werkzeug 和 Jinja2 两个核心函数库，分别负责业务处理和安全方面的功能，这些基础函数为 Web 项目开发过程提供了丰富的基础组件。Werkzeug 库十分强大，功能比较完善，支持统一资源定位符（Uniform Resource Locator，URL）路由请求集成，一次可以响应多个用户的访问请求；支持 Cookie 和会话管理，通过身份缓存数据建立长久连接关系，并提高用户访问速度；支持交互式 Java Script 调试，提高用户体验；可以处理超文本传输协议（Hypertext Transfer Protocal，HTTP）基本事务，快速响应客户端推送过来的访问请求。Jinja2 库支持自动超文本标记语言（Hypertext Markup Language，HTML）转义功能，能够很好地控制外部黑客的脚本攻击。系统运行速度很快，页面加载过程会将源码进行编译形成 Python 字节码，从而实现模板的高效运行；模板继承机制可以对模板内容进行修改和维护，为不同需求的用户提供相应的模板。和其他轻量级框架相比较，Flask 框架具有很好的扩展性。

Flask 的基本模式为在程序中将一个视图函数分配给一个 URL，每当用户访问这个 URL 时，系统就会执行给该 URL 分配好的视图函数，获取函数的返回值并将其显示到浏览器上，其工作过程如图 13-4 所示。

图 13-4　Flask 框架的工作过程

图 13.4 展示了一个基于 Flask 框架的 Web 处理系统的流程图。图中包含三个矩形框：最左侧的"客户端"代表客户，中间通过"请求"，右侧代表"应用"。这三个框通过箭头连接，客户需要"请求"WSGI 服务器来处理请求，然后这个请求会被发送到"应用"中进行处理，最后应用会"返回"处理结果给客户。整个流程是客户与服务之间的交互过程。

在项目迭代开发的过程中，所需实现的运维功能及扩展会逐渐增多，针对这一特点更需要使用易扩展的 Flask 框架。另外，由于每个公司对运维的需求不同，所要实现的功能也必须有针对性地设计，Flask 可以很好地完成这类任务。

在现有标准中，Flask 属于微小型框架。Werkzeug 和 Jinja2 库都是由 Flask 的核心开发者开发而成的。对于数据库访问、验证 Web 表单和用户身份认证等一系列功能，Flask 是不支持的。这些功能都是以扩展组件的方式实现，再与 Flask 集成。开发者可以根据项目的需求进行相应的扩展或自行开发。这与大型框架恰恰相反，大型框架本身已替用户做出了大部分决定，方案难以灵活改变。

Flask 的特点有文档良好、插件丰富，包含开发服务器和调试器，支持集成单元测试、RESTful 请求调度、支持安全 Cookie、基于 Unicode 编码。

13.4.2　Django 框架

Django 始于 2003 年，是 PythonWeb 框架中最成熟、最著名、应用最广泛的框架，被称为企业级的 Web 框架，是一个开放源代码的网站应用框架。

Django 由 Python 编写，采用了 MTV 的框架模式，即模型 M、视图 V 和模板 T。它最初是开发用于管理劳伦斯出版集团旗下的一些以新闻内容为主的网站，即内容管理系统（Content Management System，CMS）软件，并于 2005 年 7 月在伯克利软件套件（Berkeley Software Distribution license，BSD）许可证下发布。这套框架是以比利时的吉卜赛爵士吉他手 Django Reinhardt 来命名的。2019 年 12 月 2 日，Django 3.0 发布。

Django 是高水准的 Python 编程语言驱动的一个开源模型、视图、控制器风格的 Web 应用程序框架，起源于开源社区，使用这种架构，程序员可以方便、快捷地创建高品质、易维护、数据库驱动的应用程序。另外，Django 框架中还包含许多功能强大的第三方插件，使其具有较强的可扩展性。Django 框架的核心组件有以下几种。

（1）用于创建模型的对象关系映射。
（2）为最终用户设计的较好的管理界面。
（3）URL 设计。
（4）设计者友好的模板语言。
（5）缓存系统。

1. 架构组成

Django 已经成为 Web 开发者的首选框架,是一个遵循 MVC 设计模式的框架。在 Django 中,控制器接受用户输入的部分由框架自行处理,因此 Django 中更关注模型(model)、模板(template)和视图(view),称为 MTV 模式。Django 的各层功能如表 13-6 所示。

表 13-6　Django 的各层功能

层　　次	功　　能
模型,即数据存取层	处理与数据相关的所有事务:如何存取、如何验证有效性、包含哪些行为,以及数据之间的关系等
模板,即表现层	处理与表现相关的决定:如何在页面或其他类型文档中进行显示
视图,即业务逻辑层	存取模型及调取恰当模板的相关逻辑。模型与模板的桥梁

从表 13-6 可以看出 Django 视图不处理用户输入,仅决定要将哪些数据展现给用户;而 Django 模板仅决定如何展现 Django 视图指定的数据,使 Django 的模板可以根据需要随时替换,而不仅限制于内置的模板。

在 Django 框架中,MVC(模型-视图-控制器)模式的控制器部分由 URLconf 实现。URLconf 机制通过正则表达式匹配 URL,并相应地调用适当的 Python 函数。URLconf 对 URL 的规则没有具体限制,允许设计成任何风格的 URL。框架封装了控制层,而数据交互层则负责数据库表的读取、写入、删除和更新操作。编写程序时,开发者只需调用相应的方法即可。这样,程序员只需编写少量的调用代码,从而极大地提高了工作效率。

2. 设计理念与特点

Django 的主要目的是简便、快速地开发数据库驱动的网站。它强调代码复用,多个组件可以很方便地以插件形式服务于整个框架。Django 有许多功能强大的第三方插件,还可以很方便地开发出自己的工具包,这使 Django 具有很强的可扩展性。它还强调快速开发和 DRY(do not repeat yourself)原则。Django 基于 MVC 的设计特点如下。

(1)对象关系映射(object-relational mapping,ORM):以 Python 类形式定义的数据模型,ORM 将模型与关系数据库连接起来,将得到一个容易使用的数据库 API,同时也可以在 Django 中使用原始的 SQL 语句。

(2)URL 分派:使用正则表达式匹配 URL,可以设计任意的 URL,没有框架的特定限定。

(3)模板系统:使用 Django 可扩展的模板语言,可以分隔设计内容和 Python 代码,并且具有可继承性。

(4)表单处理:可以生成各种表单模型,实现表单的有效性检验,还可以定义模型实例生成相应的表单。

(5)Cache 系统:可以挂在内存缓冲或其他框架实现超级缓冲,实现所需的粒度。

(6)会话(session):用户登录与权限检查,快速开发用户会话功能。

(7)国际化:内置国际化系统,方便开发出多种语言的网站。

(8)自动化的管理界面:Django 自带一个 ADMIN site,类似内容管理系统。不需要花大量的时间和精力来创建人员管理和更新内容。

3. 工作流程

（1）用 manage.py 运行 runserver 启动 Django 服务器时就载入了同一目录下的 settings.py 文件。该文件包含了项目中的配置信息，如 URLConf 等，其中最重要的配置就是 ROOT_URLCONF，它告诉 Django 哪个 Python 模块应该用作本站的 URLConf，默认是 urls .py。

（2）当访问 URL 时，Django 会根据 ROOT_URLCONF 的设置来装载 URLConf。

（3）按顺序逐个匹配 URLConf 中的 URLpatterns。如果找到则会调用相关联的视图函数，并把 HttpRequest 对象作为第一个参数。

（4）该 view 函数返回一个 HttpResponse 对象。

13.5 Python 网络爬虫

网络爬虫，又称网络机器人，是一种按照一定的规则，自动地抓取网络信息的程序或脚本。通俗地讲，把互联网比作一张大蜘蛛网，每个站点资源比作蜘蛛网上的一个结点，爬虫就像一只蜘蛛，按照设计好的路线和规则在这张蜘蛛网上找到目标结点，获取资源。

爬虫技术主要可以做两类事情：一类是数据获取，主要针对特定规则的大数据量信息获取；另一类是自动化，主要应用在类似信息聚合、搜索等方面。本节介绍 Python 常用的爬虫库和框架。

13.5.1 urllib 库

Python 自带一个 urllib 库，用于网络请求，其作用是操作网页 URL，可以对网页内容进行抓取。urllib 库主要有以下几个模块。

urllib.request：打开和读取 URL。

urllib.error：包含 urllib.request 抛出的异常。

urllib.parse：解析 URL。

urllib.robotparser：解析 robots.txt 文件。

urllib.request：发起 HTTP 请求，并且获取请求返回的结果。urllib.request 的主要的方法是 urlopen()，具体的语法格式如下。

```
urllib.request.urlopen(url, data = None, [timeout, ]*, cafile = None, capath = None, cadefault = False, context = None)
```

参数说明如下。

url：请求的地址。

data：发送到服务器的其他数据对象，默认是 None。

timeout：设置访问超时时间。

cafile 和 capath：CA 证书和 CA 证书的路径，使用 HTTPS 时会用到。

context：ssl.SSLContext 类型，用来指定 SSL 设置。

【例 13-7】urllib 请求百度的网页程序示例。

```
import urllib.request
```

```
url = "http://www.baidu.com"
response = urllib.request.urlopen(url)
html = response.read()              #获取到页面的源代码
print(html.decode('utf-8'))         #转化为 utf-8 编码
```

例 13-7 的程序运行时使用 urllib 库的 request 模块的 urlopen() 方法，打开 URL 网站，获取 HTML 并将其转换为 utf-8 的编码格式。

13.5.2 requests 库

requests 是 Python 基于 urllib 编写的，该模块主要用来发送 HTTP 请求，requests 模块比 urllib 模块更简洁，是学习 Python 爬虫较好的 HTTP 请求模块。

requests 不是 Python 的内置库，需要先安装，安装命令如下。

```
pip install requests
```

requests 提供各种请求方式，requests 库的属性和方法如表 13-7 所示。每次调用 requests 请求之后，会返回一个 response 对象，该对象包含了具体的响应信息。

表 13-7　requests 库的属性和方法

属性或方法	说　　明
apparent_encoding	编码方式
close()	关闭与服务器的连接
content	返回响应的内容，以字节为单位
cookies	返回一个 CookieJar 对象，包含了从服务器发回的 Cookie
elapsed	返回一个 timedelta 对象，包含了从发送请求到响应到达之间经过的时间量，可以用于测试响应速度。如 r.elapsed.microseconds 表示响应到达需要多少微秒
encoding	解码 r.text 的编码方式
headers	返回响应头，字典格式
history	返回包含请求历史的响应对象列表
is_permanent_redirect	如果响应是永久重定向的 URL，则返回 True，否则返回 False
is_redirect	如果响应被重定向，则返回 True，否则返回 False
iter_content()	迭代响应
iter_lines()	迭代响应的行
json()	返回结果的 JSON 对象 (结果需要以 JSON 格式编写的，否则会引发错误)
links	返回响应的解析头链接
next	返回重定向链中下一个请求的 PreparedRequest 对象
ok	检查 'status_code' 的值，如果小于 400，则返回 True；如果不小于 400，则返回 False
raise_for_status()	如果发生错误，则返回一个 HTTPError 对象
reason	响应状态的描述，如 'Not Found'、'OK'
request	返回请求此响应的请求对象

续表

属性或方法	说明
status_code	返回 HTTP 的状态码，如 404 和 200（200 表示 OK，404 表示 Not Found）
text	返回响应的内容，为 Unicode 类型数据
url	返回响应的 URL

1. 基本 get 请求

【例 13-8】requests 库的 get 请求程序示例。

```
import requests
x = requests.get('http://www.baidu.com')
print(x.status_code)
print(x.reason)
print(x.apparent_encoding)
print(x.text)
```

例 13-8 的程序使用 requests 的 get() 方法，请求 URL 信息，取出返回的 status_code、reason、apparent_encoding、text 等属性。

抓取二进制数据，在例 13-8 中，抓取的是网站的一个页面，实际上它返回的是一个 HTML 文档。如果想要抓取图片、音频、视频等文件，需要用到 content 属性，这样获取的数据是二进制数据。

【例 13-9】用 requests 库的 get 方法获取图片的二进制数据程序示例。

```
import requests
x = requests.get('https://www.baidu.com/img/flexible/logo/pc/result.png')
#抓取百度logo图片
print(x.content)

import requests
x = requests.get('https://www.baidu.com/img/flexible/logo/pc/result.png')
#得到的是一串二进制的乱码,如果想得到图片,则需要将其保存到本地
with open('./data/baidulogo.png','wb') as f:
    f.write(x.content)
```

例 13-9 的程序使用 requests 的 get() 方法获取 URL 数据，通过 content 属性，以字节为单位返回响应的内容，显示为二进制数据，保存为图片格式，获取的图片如图 13-5 所示。

图 13-5　用 requests 的 get() 方法获取的图片

2. 基本 post 请求

在爬虫中，另外一个比较常见的请求方式就是 post 请求，跟 get 请求用法类似。使用 post() 方法可以发送 post 请求到指定 URL，一般格式如下：

```
requests.post(url, data={key: value}, json={key: value}, args)
```

URL：请求 URL。

data：要发送到指定 URL 的字典、元组列表、字节或文件对象。

json：要发送到指定 URL 的 json 对象。

args：其他参数，如 cookies、headers、verify 等。

【例 13-10】requests 库的 post 请求程序示例。

```
import requests
data = {'name': '张明', 'age': '20'}
x = requests.post('/post', data=data)
print(x.text)
```

例 13-10 的程序使用 requests 库的 post 请求，把 data 数据上传到 URL。

3. 其他请求

其他请求有如下方式，用法类似。

put(url, data, args)：发送 put 请求到指定 URL。

```
r = requests.put('https:///put', data = {'key':'value'})
```

delete（url，args）：发送 delete 请求到指定 URL。

```
r = requests.delete('https:///delete')
```

request（method, url, args）：向指定的 URL 发送指定的请求方法。

```
x = requests.request('get', 'https:///')          #返回网页内容
```

head（url，args）：发送 head 请求到指定 URL。

```
r = requests.head('https:///get')
```

13.5.3　BeautifulSoup 库

BeautifulSoup 是 HTML/XML 的解析器，主要功能是解析和提取 HTML/XML 数据。
BeautifulSoup 支持 Python 标准库中的 HTML 解析器，还支持一些第三方解析器，如果不安装第三方解析器，则 Python 会使用默认的解析器。
BeautifulSoup 自动将输入文档转换为 Unicode 编码，输出文档转换为 UTF-8 编码，不需要考虑编码方式，仅需要说明原始编码方式。

1. BeautifulSoup 库的安装

安装一个 BeautifulSoup 库，可以直接在命令提示符（cmd）下用 pip 命令进行安装。

```
pip install beautifulsoup4
```

在安装好 BeautifulSoup 库后，可以通过导入该库来判断是否安装成功。

```
>>> from bs4 import BeautifulSoup
```

按 Enter 键后不报错，说明已经将其安装成功。

2. BeautifulSoup 常用方法

prettify()：按照标准的缩进格式的结构输出。

get_text()：将 HTML 文档中的所有标签清除，返回一个只包含文字的字符串。

【例 13-11】BeautifulSoup 库的应用程序示例。

```
from bs4 import BeautifulSoup
text='''
<?xml version="1.0" encoding="ISO-8859-1"?>
<bookstore>
<book>
    <title lang="eng">哈利·波特</title>
    <price>29.99</price>
</book>

<book>
    <title lang="eng">学习 XML</title>
    <price>39.95</price>
</book>

</bookstore>
'''

bf = BeautifulSoup(text)         #创建对象
print(bf.prettify())             #按照标准缩进格式输出
print(bf.get_text())             #将 HTML 文档中的所有标签清除，返回一个只包含文字的字符串
```

例 13-11 的程序使用 BeautifulSoup 库解析一个 XML 的文本 text，使用 bf.prettify() 方法时，按照标准缩进格式输出。使用 bf.get_text() 方法会将 HTML 文档中的所有标签清除，返回一个只包含文字的字符串。

3. 两个常用搜索函数

（1）find_all() 函数搜索当前 tag 的所有 tag 子节点，并判断是否符合给定的条件，返回结果是一个列，可以包含多个元素。

【例 13-12】find_all() 函数使用程序示例。

```
from bs4 import BeautifulSoup

bf = BeautifulSoup(text)         #创建对象

print(bf.find_all('title'),end="\n-------\n")
```

（2）find() 函数直接返回第一个元素。

【例 13-13】find() 应用程序示例。

```
bf = BeautifulSoup(text)
print(bf.find("title"))
```

```
print(bf.find_all("title",lang="eng"))              #查找 title 标签 属性 lang=eng
print(bf.find_all("title",{"lang":"eng"}))          #结果同上
print(bf.find_all(["title","price"]))               #获取多个标签
print(bf.find_all("title",lang="eng")[0].get_text())  #获取文本
```

4. 三大常见节点

（1）子节点：一个 tag 可能包含多个字符串或其他 tag，这些都是该 tag 的子结点。

（2）父节点：每个 tag 或字符串都有父节点，被包含在某个 tag 中。

（3）兄弟节点：平级的节点。

【例 13-14】获取节点信息程序示例。

```
end="\n-------\n"
print(soup.book,end)                    #获取 book 节点信息
print(soup.book.contents,end)           #获取 book 下的所有子节点
print(soup.book.contents[1],end)        #获取 book 下的所有子节点中的第一个节点

print(soup.book.children,end)           #children 生成迭代器
for child in soup.book.children:
    print("===",child)

print(soup.title.parent,end)
print(soup.book.parent,end)
for parent in soup.title.parents:       #注意 parent 和 parents 区别
    print("===",parent.name)

print(soup.title.next_sibling,end)      #获取该节点的下一个兄弟节点
print(soup.title.previous_sibling,end)  #获取该节点的上一个兄弟节点
print(soup.title.next_siblings,end)     #获取该节点的全部兄弟节点
for i in soup.title.next_siblings:
    print("===",i)
```

13.5.4 Scrapy

Scrapy 是一个用于爬取网站数据、提取结构性数据的应用程序框架，常应用在数据挖掘、信息处理或存储历史数据等程序中。通常可以很简单地通过 Scrapy 框架实现一个爬虫，抓取指定网站的内容或图片。Scrapy 是用 Python 编写的一个用于爬取网站数据、提取结构性数据的应用框架。

Scrapy 作为爬虫的进阶内容，可以实现多线程爬取目标内容，简化代码逻辑，提高开发效率。

1.Scrapy 架构

Scrapy 架构各项说明如图 13-6 所示。

引擎（Scrapy Engine）：负责控制数据流在系统所有组件中流动，并在相应动作发生时触发事件。它相当于爬虫的"大脑"，是整个爬虫的调度中心。

调度器（Scheduler）：接收引擎发过来的请求（Requests），并将其入队。它负责调度请求的下载顺序，以及管理 URL 的重复性，确保同一个 URL 不会多次下载。

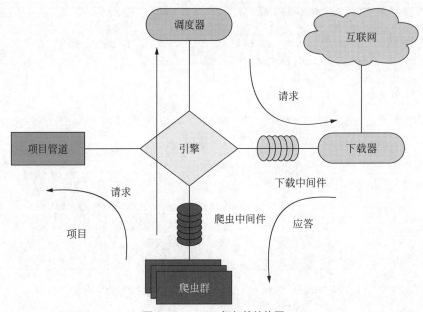

图 13-6 Scrapy 框架的结构图

下载器（Downloader）：负责获取页面数据。它与网络爬虫的下载器不同，Scrapy 的下载器是完全独立的组件，并且可以处理不同的下载协议，如 HTTP、FTP 等。

爬虫群（Spiders）：用户编写的用于处理应答（Response）并提取项目（item）的类。它们负责解析应达（Response），提取数据以及生成需要进一步处理的请求。

项目管道（Item Pipeline）：负责处理由爬虫（Spider）提取出来的项目，并执行一系列任务，如清洗、验证和存储数据。

下载中间件（Downloader Middlewares）：位于引擎和下载器之间，主要用于处理引擎与下载器之间的请求（如添加 HTTP 头部、Cookies、用户代理等）和响应。

爬虫中间件（Spider Middlewares）：位于引擎和爬虫群之间，处理引擎与爬虫之间的输入（Response）和输出（Items 或 Requests）。它们可以用来处理（修改、丢弃、增加）爬取的数据。

2. Scrapy 数据流

（1）用 ScrapyEngine 打开一个网站，找到处理该网站的 Spider，并向该 Spider 请求第一个（批）要爬取的 URL。

（2）ScrapyEngine 向调度器请求第一个要爬取的 URL，并加入 Scheduler 作为请求以备调度。

（3）ScrapyEngine 向调度器请求下一个要爬取的 URL。

（4）Schedule 返回下一个要爬取的 URL 给 ScrapyEngine，ScrapyEngine 通过 DownloaderMiddlewares 将 URL 转发给 Downloader。页面下载完毕，Downloader 生成一个页面的 Response，通过 DownloaderMiddlewares 发送给 ScrapyEngine。

（5）ScrapyEngine 从 Downloader 中接收到 Response，通过 SpiderMiddlewares 发送给 Spider 处理。

（6）Spider 处理 Response 并返回提取到的 item 及新的 Request 给 ScrapyEngine。ScrapyEngine 将 Spider 返回的 item 交给 ItemPipeline，将 Spider 返回的 Request 交给 Schedule 进行从第二步开始

的重复操作，直到调度器中没有待处理的 Request，ScrapyEngine 关闭。

Scrapy 是适用于 Python 的一个快速、高层次的屏幕抓取和 Web 抓取框架，用于抓取 Web 站点并从页面中提取结构化的数据。Scrapy 用途广泛，可以用于数据挖掘、监测和自动化测试。Scrapy 是一个框架，可以根据使用者的需求方便地修改。它也提供了多种类型爬虫的基类，如 BaseSpider、sitemap 爬虫等。

13.6 游戏开发

Python 是一种强大的编程语言，近年来在游戏开发领域的应用越来越广泛。本节将介绍 Python 游戏开发常用的库和基本流程。

Python 游戏开发的基本流程包括游戏引擎、设计游戏场景、编写游戏代码、测试和优化游戏等几方面。

13.6.1 Pygame 简介

Pygame 是一个基于 Python 的游戏开发库，它提供了一系列的工具和函数，使开发者可以轻松地创建 2D 游戏。

1. Pygame 的特点

（1）简单易用：Pygame 提供了简单易用的 API，使开发者可以快速地创建游戏。
（2）跨平台：Pygame 可以在多个平台上运行，包括 Windows、macOS X、Linux、Android 等。
（3）开源：Pygame 是一个开源项目，开发者可以自由地使用、修改和分发它。
（4）多功能：Pygame 不仅仅是一个游戏开发库，它还可以用于创建图形界面、音频应用等。
（5）社区支持：Pygame 拥有一个庞大的社区，开发者可以在社区中获取帮助和支持。

2. Pygame 的安装

Pygame 支持 Python 2.x 和 Python 3.x 版本。安装 Pygame 的方法有多种，可以通过 pip、源码安装等方式进行安装。

可以使用如下命令安装。

```
pip install pygame
```

3. Pygame 的使用

使用 Pygame 创建游戏需要掌握一些基本的概念和函数。下面是一些常用的函数和概念。
（1）初始化 Pygame，在使用 Pygame 之前，需要先初始化 Pygame。可以使用 pygame.init() 函数进行初始化。
（2）创建窗口，使用 pygame.display.set_mode() 函数创建一个窗口。该函数需要传入一个元组，用来表示窗口的大小。
（3）加载图片，使用 pygame.image.load() 函数加载一张图片。该函数需要传入图片的路径。
（4）绘制图像，使用 pygame.Surface.blit() 函数将图像绘制到窗口上。该函数需要传入两个参数，第一个参数是要绘制的图像，第二个参数是图像的位置。

（5）更新窗口，使用 pygame.display.update() 函数更新窗口。

（6）处理事件，使用 pygame.event.get() 函数获取事件列表。事件可以是键盘事件、鼠标事件等。

（7）控制帧率，使用 pygame.time.Clock() 函数创建一个时钟对象，然后使用时钟对象的 tick() 函数控制帧率。

【例 13-15】一个简单的 Pygame 程序，用于绘制一张图片。

```
import pygame
pygame.init()
screen = pygame.display.set_mode((640, 480))        #创建窗口
image = pygame.image.load("./data/image.jpeg")      #加载图片
screen.blit(image, (0, 0))                          #绘制图像
pygame.display.update()                             #更新窗口
while True:
    for event in pygame.event.get():                #处理事件
        if event.type == pygame.QUIT:
            pygame.quit()
            exit()
clock = pygame.time.Clock()                         #控制帧率
clock.tick(60)
```

13.6.2 Pygame 的模块

在使用时，先引入 Pygame 库，然后对其进行初始化。

```
import pygame              #导入 Pygame 库
pygame.init()              #Pygame 库初始化
pygame.quit()              #取消初始化
```

1. display 显示模块

display 显示模块的各种方法含义如下。

pygame.display.set_mode((width, height))：创建一个窗口对象（宽高）。

pygame.display.set_caption("游戏")：更改窗口的标题为游戏。

pygame.display.get_surface()：获取当前显示的 Surface 对象。

pygame.display.flip()：更新整个待显示的 Surface 对象到屏幕上。

pygame.display.update()：更新部分软件界面显示。

pygame.display.Info()：产生一个 VideoInfo 对象，包含显示界面的相关信息。

pygame.display.set_icon()：设置左上角的游戏图标，图标尺寸大小为 32×32。

pygame.display.iconify()：将显示的主窗口（即 Surface 对象）最小化或隐藏。

pygame.display.get_active()：当前显示界面显示在屏幕上时返回 True，如果窗口被隐藏和最小化，则返回 False。

pygame.display.get_driver()：获取 Pygame 显示后端的名称。

pygame.display.toggle_fullscreen()：切换全屏显示和窗口显示。

pygame.display。set_palette()：为索引显示设置显示调色板。

2. 填充颜色

Pygame 中颜色填充大多包含在 draw() 和 fill() 等方法中，由其中的属性确定填充的颜色，没有特定的颜色填充方法。

【例 13-16】颜色填充程序示例。

在一个区域上填充颜色。

```
import pygame
a = (0,0,0)                  #使用 rgb 表定义黑色
screen = pygame.display.set_mode((600,800))
screen.fill(a)               #填充颜色
pygame.display.flip()        #刷新屏幕
```

3. draw 模块

用 draw 模块绘制各种图形的方法如下。

pygame.draw.rect（surface, color, rect, width）：绘制矩形。

pygame.draw.polygon（surface, color, points, width）：绘制多边形。

pygame.draw.circle（surface, color, pos, radius, width=0）：根据圆心和半径绘制圆形。

pygame.draw.ellipse（surface, color, Rect, width=0）：根据限定矩形绘制一个椭圆形。

pygame.draw.line（surface, color, s_pos, e_pos, width=1）：绘制线段。

pygame.draw.lines（surface, color, closed, pointlist, width=1）：绘制多条连续的线段。

pygame.draw.aaline（surface, color, startpos, endpos, blend=1）：绘制抗锯齿的线段。

pygame.draw.aalines（surface, color, closed, pointlist, blend=1）：绘制多条连续的线段。

surface：游戏主窗口。

color：颜色。

rect：位置和尺寸大小。

width：线的宽度。

pos：圆心位置。

radius：半径。

s_pos：起始位置。

e_pos：终点位置。

pointlist：参数值列表。

4. event 模块

event 模块进行游戏事件处理，其各种方法和含义如下。

pygame.event.get()：从队列中获取事件，在后续获取鼠标键盘操作时可以得到应用。

pygame.event.pump()：Pygame 内部自动处理事件。

pygame.event.poll()：从队列中获取一个事件。

pygame.event.wait()：等待并从队列中获取一个事件。

pygame.event.peek()：检测某类型事件是否在队列中。

pygame.event.clear()：从队列中删除所有的事件。
pygame.event.Event()：创建一个新的事件对象。

5. font 模块

font 模块对游戏的字体创建和应用，其方法和含义如下。
pygame.font.SysFont()：从系统字体库创建一个 Font 对象。
pygame.font.Font()：从一个字体文件创建一个 Font 对象。
pygame.font.init()：初始化字体模块。
pygame.font.quit()：还原字体模块。
pygame.font.get_fonts()：获取所有可使用的字体。

6. time 模块

time 模块对游戏的时间创建设置和应用，其方法及含义如下。
pygame.time.get_ticks()：以毫秒为单位获取时间。
pygame.time.wait()：暂停。
pygame.time.set_timer()：创建一个定时器，即每隔一段时间，去执行一些动作。
pygame.time.Clock()：创建一个时钟对象。

【例 13-17】Pygame 库的应用示例，创建一个游戏框架。

使用 Pygame 库实现一个基本的主框架，然后在主框架中逐步填入每条应用代码，测试每段 pygame 的相关操作是否能够运行。

```
import pygame                    #导入 Pygame 库
import sys                       #导入所使用的 sys 库
pygame.init()                    #初始化 Pygame
pygame.display.set_mode((800,600))  #创建一个宽度为 800、高度为 600 的窗口
#pygame.display.set_caption("python.jpg 的小游戏 ")  #设置当前窗口标题
pygame.display.flip()            #刷新屏幕
 while True:                     #设置游戏的主循环,保证页面不闪退,并且可以使用鼠标关闭
    for envent in pygame.event.get():    #监听用户事件
        if envent.type == pygame.QUIT:   #判断用户是否单击了 " 关闭 " 按钮
            pygame.quit()        #卸载 Pygame 所有程序
            sys.exit()           #用户退出
```

13.7 文本处理

网络使用量的增加和文本数据的规模不断扩大，促进了自然语言处理（natural language processing，NLP）的研究，如信息检索和情感分析。大多数情况下，被分析的文档或文本文件是巨大的，并且含有大量的噪声，直接使用原始文本进行分析是不适用的。因此，文本处理为建模和分析提供清晰的输入至关重要。

文本处理包括两个主要阶段，即标识化（tokenization）和规范化（normalization）。标识化是将一个较长的文本字符串拆分为较小的片段或标识的过程。规范化是指将数字转换为它们的等价词、删除标点符号、将所有文本转换为相同的大小写、删除停用词、删除噪声、词根化或词形

还原。

13.7.1 中文分词 jieba 库

1. jieba 简介

在自然语言处理任务中，中文文本需要通过分词获得单个的词语，这就需要用到中文分词工具。jieba 分词是一个开源项目，网络地址为 github.com/fxsjy/jieba，它在分词准确度和速度方面均表现优良。

2. jieba 的安装

1）全自动安装

pip install jieba 或 pip3 install jieba

2）半自动安装

先下载 pypi.Python.org/pypi/jieba/，解压后运行 Python setup.py install。

3）手动安装

将 jieba 的整个目录放置于 Python 的 site-packages 目录中。

3. jieba 的分词流程

初始化：加载词典文件，获取每个词语和它出现的词数。

切分短语：利用正则化，将文本切分为一个个语句，之后对语句进行分词。

构建 DAG：通过字符串匹配，构建所有可能分词情况的有向无环图，也就是 DAG。构建节点最大路径概率及结束位置。计算每个汉字节点到语句结尾的所有路径中的最大概率，并记下最大概率时在 DAG 中对应的该汉字成词的结束位置。

构建切分组合：根据节点路径，得到词语切分的结果，即分词结果。

HMM 新词处理：对于新词，也就是 jieba 词典中没有的词语，通过统计方法处理，jieba 中采用 HMM（隐马尔可夫模型）进行处理。

返回分词结果：通过生成器 yield 将上面步骤中切分好的词语逐个返回。yield 可以节约存储空间。

4. jieba 的特点

（1）jieba 支持三种分词模式。

①精确模式：把文本精确地切分开，不存在冗余单词。

②全模式：把文本中所有可能的词语都扫描出来，有冗余。

③搜索引擎模式：在精确模式的基础上，对长词再次切分。

【例 13-18】jieba 的三种分成模式程序示例。

```
import jieba
sentence = '我爱成都酸辣粉和老火锅'
seg_list = jieba.cut(sentence, cut_all=True)
print('全模式:{}'.format('/ '.join(seg_list)))
seg_list = jieba.cut(sentence, cut_all=False)
```

```
print('精准模式:{}'.format('/ '.join(seg_list)))
seg_list = jieba.cut_for_search(sentence)
print('搜索引擎模式:{}'.format('/ '.join(seg_list)))
```

运行结果如下:

```
全模式:我 / 爱 / 成都 / 酸辣 / 酸辣粉 / 和 / 老火 / 火锅
精准模式:我 / 爱 / 成都 / 酸辣粉 / 和 / 老 / 火锅
搜索引擎模式:我 / 爱 / 成都 / 酸辣 / 酸辣粉 / 和 / 老 / 火锅
```

jieba.cut 函数可以接受三个参数,第一个参数是需要分词的字符串;第二个参数 cut_all 用来控制是否采用全模式,默认是 False,使用精准模式;第三个参数用来控制是否使用 HMM 模型来识别未登录词。

jieba.cut_for_search 函数可以接受两个参数,第一个参数是需要分词的字符串,第二个参数用来控制是否使用 HMM 模型。

(2) jieba 支持中文繁体分词。

(3) jieba 支持自定义词典。

(4) jieba 支持 MIT 授权协议(开源软件许可协议)。

(5) jieba 支持自定义词典。

jieba 的基础用法只能满足最基本的分词需求,而实际情况会更复杂一些。在 jieba 分词的过程中,jieba 词库里往往有很多没有定义的新词汇,这使 jieba 不能按照开发者的意愿进行分词。解决方法是载入自定义词典,使用 jieba.load_userdict 函数加载自定义词典,该函数只接受一个参数,参数为文件类的对象或自定义词典的路径。需要特别注意的是文件必须是 UTF-8 编码。

自定义字典的格式:每个词占一行,每一行由三部分组成,分别是词语、词频和词性,由空格分隔。其中,词频和词性可以省略,但顺序不可改变。

【例 13-19】自定义词典程序示例。

```
import jieba

sentence = '我爱成都酸辣粉和成都老火锅'
seg_list = jieba.cut(sentence)
print('没有自定义词典:{}'.format('/ '.join(seg_list)))
jieba.load_userdict('./data/userdict.txt')
seg_list = jieba.cut(sentence)
print('有自定义词典:{}'.format('/ '.join(seg_list)))
```

运行结果如下。

```
没有自定义词典:我 / 爱 / 成都 / 酸辣粉 / 和 / 成都 / 老 / 火锅
有自定义词典:我 / 爱 / 成都酸辣粉 / 和 / 成都老火锅
```

从例 13-19 的程序运行结果可以看出,文本的分词按照字典定义的意愿进行了划分。

(6) jieba 的词典语言调整

如果没有必要,不使用自定义词典,否则会加大开发的难度。jieba 提供了调整词典的函数。

通过 jieba.add_word(word, freq=None, tag=None) 和 jieba.del_word(word) 这两个函数,可以动态地增删词典。

通过 suggest_freq(segment, tune=True) 函数,可以调节单个词语的词频,使其能或不能被切分。

【例 13-20】jieba 的词典语言调整应用程序示例。

```
import jieba
sentence = " 我吃酸辣粉 "
words = " 酸辣粉 "
jieba.add_word(words)
jieba.suggest_freq((' 酸辣粉 '), tune=True)

seg_list = jieba.cut(sentence)
print('\ '.join(seg_list))
```

（7）jieba 的词性标注

jieba 除提供了分词功能外，还提供了词性标注的功能，词性标注对于文本挖掘的帮助很大。标注句子分词后每个词的词性，采用和 ictclas 兼容的标记法。

【例 13-21】jieba 的词性标注程序示例。

```
import jieba.posseg as pseg

words = pseg.cut(' 我吃酸辣粉 ')
for word, flag in words:
    print('{} {}'.format(word, flag))
```

运行结果如下。

```
我 r
吃 v
酸辣粉 nz
```

13.7.2　词云库 wordcloud

词云又称文字云，是对文本数据中出现频率较高的"关键词"在视觉上的突出呈现，形成关键词的渲染，形成类似云一样的彩色图片，使人一眼就可以领略文本数据的主要含义。wordcloud 是使用频繁的词云展示第三方库，以词语为基本单位，通过图形可视化的方式，更加直观和艺术地展现文本。

1. 库的安装

打开 cmd，输入命令 pip install wordcloud，输入命令 pip install imageio，输入命令 pip install jieba。

2. wordcloud 方法参数

wordcloud.WordCloud 方法使用示例如下。

```
wordcloud.WordCloud(font_path=None, width=400, height=200, margin=2, ranks_
only=None, prefer_horizontal=0.9,mask=None, scale=1, color_func=None, max_
words=200, min_font_size=4, stopwords=None, random_state=None,background_
color='black', max_font_size=None, font_step=1, mode='RGB', relative_
scaling=0.5, regexp=None, collocations=True,colormap=None, normalize_
plurals=True)
```

参数说明如下。

font_path: string，字体路径，需要展现什么字体就把该字体的路径 + 后缀名写上，如 font_

path = "黑体 .ttf"。

width: int(default = 400)，输出画布的宽度，默认为 400 像素。

height: int(default = 200)，输出画布的高度，默认为 200 像素。

prefer_horizontal: float(default = 0.9)，词语水平方向排版出现的频率，默认为 0.9，因此词语垂直方向排版出现的频率为 0.1。

mask: nd-array or None（default = None），如果参数为空，则使用二维遮罩绘制词云。如果 mask 非空，则设置的宽高值将被忽略，遮罩形状被 mask 取代。全白（#FFFFFF）的部分将不会绘制，其余部分会用于绘制词云。如 bg_pic = imread（'读取一张图片 .png'），背景图片的画布一定要设置为白色（#FFFFFF），然后显示的形状为不是白色的其他颜色。可以用 ps 工具将自己要显示的形状复制到一块纯白色的画布上再保存。

scale: float(default = 1)，按照比例进行放大画布，如设置为 1.5，则长和高都是原来画布的 1.5 倍。

min_font_size: int(default = 4)，显示的最小的字体大小。

font_step: int(default = 1)，字体步长，如果步长大于 1，则会加快运算，但是可能会导致结果出现较大的误差。

max_words: number(default = 200)，要显示的词的最大个数。

stopwords: set of strings or None，设置需要屏蔽的词，如果为空，则使用内置的 STOPWORDS。

background_color: color value(default = "black")，背景颜色，如 background_color = 'white'。

max_font_size: int or None(default = None)，显示的最大的字体大小。

mode: string(default = "RGB")，当参数为'RGB'并且 background_color 不为空时，背景为透明。

relative_scaling: float(default = 0.5)，词频和字体大小的关联性。

color_func: callable(default = None)，生成新颜色的函数，如果为空，则使用 self.color_func。

regexp: string or None (optional)，使用正则表达式分隔输入的文本。

collocations: bool(default = True)，是否包括两个词的搭配。

colormap: string or matplotlib colormap(default = "ciridis")，给每个单词随机分配颜色，若指定 color_func，则忽略该方法。

3. 词云的方法

fit_words(frequencies)：根据词频生成词云。

generate(text)：根据文本生成词云。

generate_from_text(text)：根据文本生成词云。

process_text(text)：将长文本分词并去除屏蔽词（此处指的是英文，中文分词需要用其他库来实现）。

recolor([random_state，color_func，colormap])：对现有输出重新着色。重新着色会比重新生成整个词云快很多。

to_array()：转换为 NumPy 数组。

to_file(filename)：输出到文件。

【例 13-22】词云库的应用程序示例。

```
import wordcloud
w = wordcloud.WordCloud()
w.generate("Python  c++ javascript java c  c#")
w.to_file("a.png")
```

运行结果如图 13-7 所示。

图 13-7　词云库的使用

【例 13-23】词云库在中文上的应用程序示例。

```
import jieba
import wordcloud
text = '''计算机网络学习的核心内容就是网络协议的学习。网络协议是为在计算机网络中进行数据交换而建立的规则、标准或约定的集合。因为不同用户的数据终端可能采取的字符集是不同的,两者需要进行通信,所以必须要在一定的标准上进行。一个很形象的比喻就是我们的语言,我们国家地广人多,地方性语言非常丰富,而且方言之间差距巨大。A 地区的方言可能 B 地区的人根本无法接受,因此我们要为全国人民进行沟通建立一个语言标准,这就是普通话的作用。同样,放眼全球,我们与外国友人沟通的标准语言是英语,因此我们才要学习英语'''
#使用jieba对文章进行分词
txt = " ".join(jieba.cut(text))
#font_path 字体路径
w = wordcloud.WordCloud(background_color="white", font_path = "msyh.ttc")
w.generate(txt)
w.to_file("中文词云.png")
```

运行结果如图 13-8 所示。

图 13-8　词云库在中文上的应用

13.8 本章小结

本章介绍了 Python 的第三方库的管理工具和 Python 计算生态的各种库。若要使用的库不在 Python 的标准库中，则需要使用 pip 工具安装第三方库和包。pip 是 Python 的标准包管理器。pip 工具提供了对 Python 包的查找、下载、安装、卸载的功能。

Pyhon 计算生态涵盖网络爬虫、数据分析、文本处理、数据可视化、机器学习、图形用户界面、Web 开发、网络应用开发、图形艺术、图像处理等多个领域。

Python 的数据分析与处理有 NumPy、SciPy 和 Pandas 库，这些库广泛应用于矩阵运算、数值积分和优化、数据清洗和数据加工等。

Python 的数据可视化有 Matplotlib、seaborn、OpenCV、turtle 库等，可以绘制出数据分析中的各种图形。

Python 的 Web 框架有 Flask、Django、Web2py 等，其中 Django 是目前 Python 的框架中使用频率最高的。

Python 常用的爬虫库和框架有 urllib 库、requests 库、BeautifulSoup 库、Scrapy 框架。

Pygame 是一个基于 Python 的游戏开发库，它提供了一系列的工具和函数，使开发者可以轻松地创建 2D 游戏。

文本处理包括两个主要阶段，即标识化和规范化。中文分词库 jieba，用于中文文本的分词。词云库 wordcloud 用于显示文本中不同词汇出现的频率。

在线测试

习题

一、选择题（从 A、B、C、D 四个选项中选择一个正确答案）

1. Python 网络爬虫方向的第三方库是（　　）。
   A. request　　　　B. jieba　　　　C. itchat　　　　D. time

2. Python 点数据分析的第三方库是（　　）。
   A. Bokeh　　　　B. dataswim　　　　C. SciPy　　　　D. Pandas

3. Python 数据可视化方向的第三方库是（　　）。
   A. Matplotlib　　　　B. retrying　　　　C. FGMK　　　　D. PyQt5

4. Python 中文分词的第三方库是（　　）。
   A. turtle　　　　B. jieba　　　　C. itchar　　　　D. time

5. 将 Python 脚本文件转换为可执行文件的第三方库是（　　）。
   A. random　　　　B. PyCharm　　　　C. PyQt5　　　　D. PyInstaller

6. （　　）不是 Python 数据分析方向的第三方库。
   A. requests　　　　B. NumPy　　　　C. SciPy　　　　D. Pandas

7. Python Web 开发方向的第三方库是（　　）。
   A. requests　　　　B. Django　　　　C. SciPy　　　　D. Pandas

8. Python 网络爬虫方向的第三方库是（　　）。
   A. Scrapy　　　　B. NumPy　　　　C. Openpyxl　　　　D. PyQt5

9. Python 图形用户界面方向的第三方库是（　　）。

　　A. PyQt5　　　　　B. Sckit-learn　　　　C. Pygame　　　　D. Pandas

10. （　　）不是 Python 图形用户方向的第三方库。

　　A. PyQt5　　　　　B. wxPython　　　　　C. PyGTK　　　　D. requests

11. 以下关于 NLTK 库的描述，正确的是（　　）。

　　A. NLTK 是一个支持符号计算的 Python 第三方库

　　B. NLTK 是支持多种语言的自然语言处理的 Python 第三方库

　　C. NLTK 是数据可视化方向的 Python 第三方库

　　D. NLTK 是为了爬虫方向的 Python 第三方库

二、编程题（按照题目要求，编写程序代码）

1. 用户输入一个年份，编写程序判断该年是否是闰年，如果年份能被 400 整除，则为闰年；如果年份能被 4 整除但不能被 100 整除，则也为闰年。

2. 设计一个程序，该程序可以模拟用户游戏中购买商品的简单流程。

　　步骤 1：打印程序的介绍性信息。

　　步骤 2：获得程序运行需要的参数：cid，count；。

　　步骤 3：计算商品总价。

　　步骤 4：支付。

参考文献

[1] MARK L. Python 学习手册 [M]. 李军，刘红伟，等译 . 4 版 . 北京：机械工业出版社，2011.

[2] 姚捃，刘华春，侯向宁 . 机器学习：原理、算法与 Python 实战（微课视频版）[M]. 北京：清华大学出版社，2022.

[3] 李东方，文欣秀，张向东 . Python 程序设计基础 [M]. 2 版 . 北京：电子工业出版社，2020.

[4] 策未来 . 全国计算机等级考试教程二级：Python 语言程序设计 [M]. 北京：人民邮电出版社，2021.

[5] 教育部考试中心 . 全国计算机等级考试二级教程：Python 语言程序设计 [M]. 北京：高等教育出版社，2021.

[6] 江红，余青松 . Python 编程从入门到实战：轻松过二级 [M]. 北京：清华大学出版社，2021.

[7] 周元哲 . Python 3.x 程序设计基础 [M]. 北京：清华大学出版社，2019.

[8] 韦玮 . Python 程序设计基础实战教程 [M]. 北京：清华大学出版社，2018.

[9] 祁瑞华，郑旭红 . Python 程序设计 [M]. 北京：清华大学出版社，2018.

[10] 储岳中，薛希玲，陶陶 . Python 程序设计教程 [M]. 北京：人民邮电出版社，2020.

[11] 杨年华，柳青，郑戟明 . Python 程序设计教程 [M]. 2 版 . 北京：清华大学出版社，2019.